아주 명쾌한 진화론 수업

생물학자 장수철 교수가 국어학자 이재성 교수에게
1:1 진화생물학 수업을 하다

아주 명쾌한

장수철 · 이재성 지음

진화론 수업

Humanist

수업을 시작하기 전에

자기 분야에 자신감이 넘치는 동료 교수에게 진화론에 관한 책을 선물한 적이 있다. 이분은 이공계 분야 전공자이자 독실한 기독교인이었다. 나는 이 점을 배려해서 책을 골랐다. 프랜시스 콜린스 박사가 쓴 책이었는데, 그는 DNA 이중 나선 구조를 밝힌 제임스 왓슨의 뒤를 이어 공공 부분의 인간유전체프로젝트를 이끌었던 유명한 유전학자이자 독실한 기독교인이었다. 몇 달이 지난 후 우연히 그 교수와 선물한 책에 대하여 대화를 나누게 되었는데, 그는 "어떻게 오랜 기간 동안 생물이 변했다는 것을 믿을 수 있나요?"라고 물었다. 증거와 정량적 데이터를 바탕으로 한 과학적 사고로 훈련된 이공계 전공자들에게도 진화론을 설득하기가 쉽지 않을 때가 가끔 있다.

시중에서 판매하는 물비누 중에 항균 성분이 있어서 세균을 99.9퍼센트 제거할 수 있다고 광고하는 제품들이 있다. 아마도 사람들은 항균 성분이 세균을 없애면 건강에 도움이 될 거라고 생각해 구입하는 것 같다. 하지만 여기서 우리가 생각해봐야 할 점은, 물비누의 가공할 만한 위력에도 버티어 살아남은 0.1퍼센트 또는 0.01퍼센트의 세균이다. 이 세균들은 인간에게 어떠한 영향을 미칠까. 어떤 항생제도 소용없는 슈퍼박테리아에 관한 보도를 언론에서 종종 접하게 되는데, 항균 성분에 내성이 있는 세균을 내 손 위에서 키우게 되는 것과 마찬가지다. 내성을 가진 돌연변이 세균이 몇 세대를 거듭한다면 일종의 진화 실험이라 볼 수 있는데, 이 사례를 들어 진화를 설명했다면 동료 교수는 고개를 끄덕였을까?

생물학을 바라보는 일반인들의 시선 중에 진화를 만만하게 생각하는 것처럼 느껴질 때가 있다. 세포의 광합성 과정이나 유전자 복제 과정에 대해 설명하는 것같이 내가 구체적으로 보거나 상상하기 힘든 것을 이야기하는 것은 쉽지 않다. 그나마 머릿속에 사지로 기어 다니는 영장류가 이족보행을 시작하는 광경을 떠올린다면 진화론에 대해 말 한마디 덧붙이는 것이 더 쉽게 느껴질 것이다. 그래서 진화론은 그만큼 오해가 뒤따르기도 한다. 진화론은 논박될 수 있는가? 만약 증거가 있으면 논박될 수 있다. 예를 들어, 공룡이 지구를 지배했던 고생대 지층에서 인간의 화석이 발견되면 진화론은 무너질 수 있다. 바로 이것이 논박이 전혀 불가능한 창조론과 진화론이 다른 점이다. 다시 강조하건대, 진화론은 증거에 기반을 둔 과학이다. 그리고 이 점을 널리 알리고 싶어 진화론에 관한 책을 쓰기로 오랫동안 마음먹어 왔다.

과학의 핵심에는 실험이 있다. 그래서 이 책은 실험 이야기부터 시작한다. 진화도 여느 분야의 과학처럼 실험이 가능하기 때문이다. 이는 중요하다. 일상에서 진화는 종교에 대항하는 도그마의 하나로 취급되는 경우가 종종 있어서이다. "당신은 진화론을 믿는가, 아니면 창조론을 믿는가?" 심심치 않게 이러한 질문을 받을 수 있다. 진화론은 믿고 믿지 않고의 문제가 아니다. 생물 변화의 역사를 옳게 설명하느냐 아니냐가 문제이다. 개인에 따라 진화론에 대한 이해도는 다를 수 있다. 진화론은 한 세기 반 동안 유전학, 생물지리학, 고생물학, 발생학, 분자생물학, 유전체학 등 거의 모든 생명과학의 분야에서 증명되어 왔다. 가히 만유인력의 법칙이나 상대성 이론의 반열에 있는 이론이며, 그 당위성을 더는 입증하지 않아도 되는 학문이다.

　진화론 관련 책들은 이미 많이 출판되었다. 어쩌면 진화는 이제 한물 간 키워드인지도 모른다. 그러나 현재 나와 있는 책들 대부분은 진화 전반을 다루기보다는 진화에서의 특정 현상이나 부분에 초점을 맞추고 있다. 이 중 일부는 흥미 위주로 치우친 경향을 보이기도 한다. 그래서 이 책은 진화론의 탄생과 역사, 기본적인 개념, 전반적 내용을 다룬 탄탄한 기본서가 되기를 바랐다. 이 책을 읽고 난 뒤라면 어떤 진화론 관련 책을 읽어도 무난히 개념이나 용어를 이해할 수 있을 거라고 생각한다.

　2015년에 펴낸《아주 특별한 생물학 수업》의 한 구절을 인용하자면 다음과 같다. "생물의 공통점과 다양성을 설명해 주는 가장 좋은 이론은 현재까지는 진화이다." 즉, 생물학의 핵심 주제인 진화를 소개함으로써 독자들이 생물을 이해하는 데에 유용한 안목을 제공하고자 하였다. 어렵거나 재미없는 내용도 있다. 그래서인지《아주 특별한 생물학 수업》을 빛내주었던 믿음직한 이재성 선생님과 또다시 함께 수업했지만 그때처럼 유머가 넘치는 분위기(?)와는 조금 거리가 있었던 것 같다. 이 어려운(!) 시간을 거친 만큼 이 책이 의미가 있길 바란다. 너무 깊고 상세하게 진화를 논하지는 않았지만 그렇다고 있어야 할 주제나 내용을 빼지는 않았다.

우리는 이 책을 읽는 독자 가운데 진화를 가십거리쯤으로 치부했던 사람이 있다면 생각을 바꾸게 되길 바란다. 그리고 많은 사람이 '진화'는 잘 정립된 학문으로 나날이 발달하고 있는 과학의 한 분야라고 생각했으면 좋겠다. 책 제목에 진화론과 진화생물학 중 무엇을 넣을지 마지막까지 고민했다. 독자들에게 친숙하게 다가갈 수 있도록 '아주 명쾌한 진화론 수업'이라 했지만 결국은 생물학에서 진화를 어떻게 연구하고 바라보는지에 관한 진화생물학을 이야기하는 수업이다. 그래서 독자 여러분은 '아주 명쾌한 진화생물학 수업'으로 생각해주서도 무방하다.

장수철

차례 〰〰〰〰〰〰〰〰〰〰〰〰〰〰〰

종의 기원을 찾아서

: 진화론의 탄생

찰스 다윈을 빼어 놓고 진화론을 이야기할 수는 없겠죠. 다윈이 등장한 이후부터 인간과 자연을 바라보는 패러다임이 혁명적으로 바뀌기 시작했으니까요. 다윈의 연구 결과를 집대성해 놓은 《종의 기원》은, 생물을 비롯해 이 세상모든 게 신이 만든 모습 그대로 변하지 않는다는 믿음을 근간부터 뒤흔들었습니다. 아마, 지동설이 불러일으킨 사회적 파장 못지않았을 거에요. 도대체《종의 기원》에는 어떤 내용이 담겨 있기에 온 유럽을 들썩이게 했을까요? '아주 명쾌한 진화론 수업'은 다윈 이전과 이후가 어떻게 달라지는지 알아보는 것으로 첫 페이지를 열겠습니다.

다윈 이전: 생물은 변하지 않는다

장수철 찰스 다윈(Charles R. Darwin) 이전에는 생물이 어떻게 다양해졌는지 별로 중요하게 여기지 않았어요. 생물의 종이 분화되면서 다른 종으로 바뀔 수 있다는 개념 자체가 없었기 때문이죠. 대표적으로 플라톤을 살펴볼 수 있어요. 플라톤(Platon)은 인간의 감각이 완전하지 않아서 감각을 통해 알고 있는 것은 본질이 아니라고 했어요. 플라톤에 따르면, 두 개의 세계가 있습니다. 본질의 세계와 감각의 세계. 우리가 감각하는 것들은 영원불변하고 비물질적인 본질이 여러 가지 모습으로 드러난 것일 뿐이라고 생각했죠. 그러니까 눈에 보이는 다종다양한 생물 역시 어떤 본질

아주 명쾌한 진화론 수업

이 겉으로 드러난 결과물이라고 여긴 거예요. 이런 관점에 따르면 서로 다르고 다양한 특징을 나타내는 개별 생물 하나하나는 별 의미가 없었을 겁니다.

아리스토텔레스(Aristoteles)는 모든 생물은 완벽하다, 모든 종은 복잡성이 커지는 방향으로 자연의 사다리(Scala Naturae)처럼 배열된다고 봤어요. 이런 생각이 나중에 기독교의 철학적인 토대를 구축하죠. 기독교에서는 아리스토텔레스의 생각을 정리해서 생물들을 다시 배열합니다. 이를 '존재의 대사슬(Great Chain of Being)'이라고도 하는데, 하등한 동물에서부터 위쪽으로 점점 사람과 비슷한 동물들이 배열되고, 그 정점에 사람이 있다고 생각했습니다. 더 나아가 사람 위에 천사가, 천사 위에는 창조주가 있다고 믿었습니다. 이런 견해들은 생물이 배열되어 있다고 했지, 변한다고 하지는 않았어요.

이러한 철학을 바탕으로 중세의 종교계는 생물에 대한 관점을 정리합니다. 1700년대에 자연신학(natural theology)이 등장했는데, 생명체는 창조주의 목적에 의해서 고안된 것이고, 애초에 주어진 환경에 적응하도록 만들어졌다는 것이 자연신학의 주장입니다.

기독교적 세계관 속에서 생물학은 연구되었어요. 18세기, 분류학의 창시자 격인 칼 폰 린네(Carl von Linné) 역시 생물이 변한다는 생각을 안 했어요. 생물을 커다란 기준으로 하나 묶고, 그 안에서 또 다음 기준으로 분류하고, 계속해서 세부 기준으로 분류해서 생물의 체계를 정리한 게 이 사람이에요. 계(界, Kingdom), 문(門, Phylum), 강(綱, Class), 목(目, Order), 과(科, Family), 속(屬, Genus), 종(種, Species) 이렇게 서열에 따라서 생물을 나누는 체계를 수립했어요. 그런데 린네는 '창조주가 특정 목적을 위해서 다양한 생물을 고안했다. 이렇게 다양한 생물을 창조한 신의 위대한 영광을 위해서 모든 종을 보기 좋게 분류하는 일은 중요하다.'라고 이야기합니다. 생물은 창조주에 의해 만들어졌고, 변하지 않는다는 것을 의심하지 않았어요. 다윈 역시 케임브리지 대학교에서 신학을 공부하던 시절만 해도 그렇게 생각했습니다.

변화의 시작: 생물은 변한다

장수철 자연이 있는 그대로 고정불변 상태가 아닐 수도 있겠다는 생각은 지질학에서 먼저 생겨났어요. 지질의 구조가 오랜 세월에 걸쳐 서서히 변한다는 걸 보여 주는 실증 데이터들이 제시되는 거예요. 예를 들어, 지질학자들은 그랜드 캐니언처럼 수백 미터를 깎아지른 대협곡이 어느 날 갑자기 생긴 게 아니라고 설명합니다. 물이 흘러 암석이 1년에 1센티미터씩 침식된다고 해 보죠. 이 과정이 1,000년 동안 지속되면 수십 미터가 깎이겠죠. 동일한 과정이 반복되면서 작은 변화가 점진적으로 쌓여 그랜드 캐니언 같은 드라마틱한 자연경관이 만들어진다는 거예요. 이른바 제임스 허턴(James Hutton)이 주장한 점진론(gradualism)이죠. 영국의 지질학자 찰스 라이엘(Charles Lyell)은 자신의 저서 《지질학 원리(*Principles of Geology*)》에서 이런 점진론을 발전시켰습니다. 당시에는 이 책이 지질학 교과서 같은 역할을 했다고 하니 점진론이 사람들에게 많이 알려졌을 거예요.

지질학에서 변화가 가능하다는 주장이 나온 이후 '생물은 안 그럴까?' 하고 의심을 품기 시작하는 사람들이 생기는데, 그중 한 사람이 이래즈머스 다윈(Erasmus Darwin)이에요. 찰스 다윈의 할아버지죠. 이 양반은 한

량이라고도 할 수 있는데 나름 공부를 잘해서 어느 정도 아는 것도 많고, 의사로서 명성도 얻고, 시를 쓰고 저서도 남겼어요. 그런데 보기에 생물이 변하는 것이 아니라면 설명할 수 없는 게 너무 많다고 생각한 거죠. 자기가 직접 증거를 제시한 건 아니었어요. 그러니까 결국 '증거는 모르겠고. 내 직관이 그래.' 이런 식이었죠. 전통적인 시각에서 벗어나는 주장을 거리낌 없이 하는 화통한 성격의 소유자였던 것 같아요. 당시 분위기는 생물이 변한다는 내용을 몰래 책으로 낸 다음에 도망 다니는 사람도 있을 정도였거든요. 종교적인 신념이 지배하는 시대에 그런 주장을 펴는 것이 쉽지 않았겠죠. 하지만 증거를 통해 뒷받침되는 주장이 아니었다는 점에서 이래즈머스 다윈의 발언은 그다지 영향력 있는 발언이 아니었던 것 같아요.

한편, 프랑스의 동물학자 조르주 퀴비에(Georges Cuvier)는 지층에서 발견한 화석들을 비교해 생물의 역사를 추적할 수 있다는 점에 주목했어요. 아래쪽 지층에서 발굴한 화석과 위쪽 지층에서 나온 화석을 비교해봤더니 같은 생물인데도 상당히 다른 거예요. 독실한 기독교 신자인 퀴비에는 생물의 형태가 변한다는 사실에 굉장히 충격을 받았죠. 이런 현상을 어떻게 설명해야 할지 고민에 휩싸였어요. 신이 만들어 낸 피조물이 완전하지 않기 때문에 시간이 지나면서 바뀌었다? 이러면 종교 교리에 어긋날 수밖에 없어요. 신의 권능을 부정하는 셈이잖아요. 결국 이런 식으로 타협했습니다. '신은 세상을 한 번 창조한 게 아니라 여러 번 했다. 창조주가 홍수나 가뭄 같은 천재지변을 거듭 일으켜서 그때까지 살고 있던 생물을 싹 죽이고 새로운 생물을 만들었다.'고 말이죠. 노아의 방주 이야기에서 아이디어를 얻어 지구의 역사에 적용하려 한 이런 주장을 천변지이설(天變地異說, catastrophism)이라고 합니다.

그림 1-1은 유명한 큰뿔사슴 (*Megaloceros giganteus*) 화석입니다. 사람보다 훨씬 커요. 그런데 약 7,000년 전에 멸종했습니다. 얼마 안 됐어요. 왜 멸종했을까요?

이재성 요즘도 저렇게 생긴 거 있지 않아요?

장수철 있어요. 있는데 저렇게까지 크지는 않지.

이재성 뿔이 너무 커서 유지하기 힘들었나 보네.

장수철 맞아요. 유지하기가 너무 힘들었어요. 이게 원래 암컷을 쟁

그림 1-1 멸종한 큰뿔사슴 뿔의 무게만 40킬로 그램에 달한다고 알려져 있으며 이때까지 사슴의 진화 과정에서 덩치가 가장 크다.

탈하기 위해 필요한 건데, 생존에는 불리하게 작용했어요. 큰뿔사슴도 보통의 다른 사슴과 마찬가지로 매년 뿔을 새로 갈아요. 그렇기 때문에 뿔의 크기를 유지하려면 많이 먹어야 하는데 풀 뜯어 먹는 놈들이 많은 양의 에너지를 쉽게 얻을 수 있겠어요? 기후가 변하고 풀이 줄어들면서 점점 멸종해 갔죠. 오늘날까지도 살아 있는 많은 생물이 이전에도 살았다는 것을 화석에서 볼 수 있습니다. 퀴비에가 화석의 변화 양상에 대해 말했고, 다윈도 화석에 관심을 안 둘 수가 없었죠. 나중에 관심을 가지고 자신의 생각을 정리하는 데 화석을 적절하게 활용합니다.

사실, 생물이 변한다고 처음 주장한 사람은 다윈이 아니었어요. 퀴비에가 천변지이설을 제기할 무렵 장 바티스트 라마르크(Jean Baptiste Lamarck)는 생물이 변한다고 주장합니다. 그 당시 시대적 상황을 감안하

면 대단히 용기 있는 주장이었죠. 라마르크의 진화론은 이렇습니다. 어떤 개체가 살아 있는 동안에 획득한 형질과 형질의 변화가 자손한테 전달되면서 그 변화가 쌓여 새로운 것이 만들어진다는 거예요. 이때 '변화'는 동물이 특정 기관을 많이 쓸수록 발달하고 안 쓰면 퇴화한다는 거잖아요. 이게 용불용설(用不用說, Theory of Use and Disuse)입니다. 이건 개체 차원에서 일어나는 변화예요. 그러면서 진화가 일어난다고 했는데, 무생물로부터 아주 단순한 생물이 생기고, 단순한 생물에서부터 복잡한 고등 생물이 생기고, 그렇게 생물이 밑에서부터 위로 쭉 단계적으로 발전해 나간다고 생각했어요. 이 이론에 따르면 단순한 식물도, 해파리 또는 개나 새도 언젠가는 사람이 됩니다. 그러니까 생물들이 일정한 방향을 향해 진화해 간다고 본 거예요. 진화는 방향성이 없는데 말이죠.

라마르크는 생물의 진화를 이야기한 초창기 사람들 중 하나였고, 어떻게 진화하는지 자기 나름의 논리를 뚜렷하게 세우고 있었어요. 오늘날 라마르크의 이론은 후성유전학의 발달로 재조명되고 있지만 진화와 관련하여 틀린 이야기가 많았죠. 그러나 당시에 다윈도 그 이론에 관심을 기울이기는 했습니다.

찰스 다윈

장수철 이제 다윈 이야기를 할게요. 다윈은 어릴 때 개구쟁이였어요. 방학 때 포충망 들고 곤충 채집하러 다니면 마음이 들뜨잖아요. 만날 그러면서 다녔대요. 유명한 일화가 있는데, 딱정벌레를 그렇게 좋아했대요. 참고로 지금까지 우리가 이름을 붙인 생물이 180만 종인데 그중에서 35만 종이 딱정벌레입니다. 어쨌든 다윈이 딱정벌레 두 마리를 양손에 쥐고 기분 좋게 가는데 또 한 마리가 눈에 띄는 거야.

이재성 그럼 입에 물어야지.

장수철 오, 어떻게 알았어? 양손에 들고 입에 물고 해서 세 마리를 집으로 가져오다가 입을 물려서 퉁퉁 부은 일도 있었대요. 입으로 물었던 벌레가 폭탄먼지벌레였다고 합니다. 이렇게 공부에는 뜻도 없이 들로 산으로 벌레나 잡으러 다니던 다윈이 아버지 눈에는 못마땅하게 비쳤겠죠. 할아버지에 이어 아버지까지 대대로 의사 집안의 아들로는 미흡하다고 생각한 거예요. 아버지는 다윈을 에든버러 대학교로 보냅니다. 의학 전공하라고. 가업을 이어 가게 하고 싶었던 거죠. 이때가 1825년, 다윈의 나이 열여섯 살 때였습니다. 그런데 다윈은 동기생들 사이에 '동식물 표본 채집에만 열중하고 수업 시간에는 별로 눈에 띄지 않는 애'로 소문이 자자했어요. 그러던 중에 마취 기술이 별로 발달하지 않은 당시에 수술하는 장면을 보고 너무 충격을 받아서 의과대학을 그만둡니다.

의대를 중퇴한 다윈을 보다 못한 아버지가 이번에는 성직자가 되라고 권유했어요. 요즘은 성직자가 인기 있는 직업은 아닌데 그때는 달랐나 봐요. 유전학의 창시자 그레고어 멘델(Gregor J. Mendel)이 동시대 인물이었죠. 멘델은 다윈과 달리 부유한 집안이 아니었는데, 꽤 똑똑한 걸 보고 성직자를 시키더라고. 우리나라는 공부 잘한다 싶으면 의대 보내잖아요. 더 될 성 싶으면 연예인 시키나? 옛날이랑 많이 달라졌죠? 그런 거랑 비슷한 거 같아요.

이렇게 다윈은 1828년 케임브리지 대학교 신학대학에 입학해 자연신학을 공부합니다. 이 학교 출신으로 윌리엄 페일리(William Paley)가 유명하죠. 페일리는 이런 말을 남겼습니다. '길을 걷다가 땅에 떨어진 시계를 봤다고 합시다. 그러면 사람들은 시계 같은 복잡한 기계는 저절로 생기는 것이 아니며, 그걸 설계하고 만들 만큼 지적인 존재, 다시 말해 시계공이 만들었다고 생각할 겁니다. 자연의 만물 역시 복잡하고 완벽하게 기능하는데, 이 세상을 만든 설계자가 존재합니다. 그게 바로 신이죠.' 이른바 '시계공 논증'입니다. 아주 논리적으로 설명을 잘하는 사람이었어요. 페일리가 지냈던 기숙사 방에 다윈이 들어가서 생활을 해요. 거기서 페일리가 쓴 책으로 공부했어요.

이재성 누구랑 만났냐가 중요하구먼.

장수철 페일리는 이미 죽고 없었어요.

이재성 아, 그 사람이 썼던 방에 들어갔다는 거죠?

장수철 네. 서로 인연이 깊었어요…….

이재성 죽었다면서요?

장수철 인연이 있는 거지. 어쨌든 그 사람의 사고에 영향을 받았으니까.

이재성 그럼 선생님도 다윈하고 인연이 깊은 거네.

장수철 나? 선생님도 인연이 있는 거야. 내 덕분에 지금 이렇게 다윈 이야기를 듣고 있으니. 하하. 어쨌든 다윈은 페일리가 썼던 방에 들어간 걸 굉장히 영광으로 생각했던 것 같아요. 페일리의 논리적인 생각에 매료됐나 보죠. 페일리가 쓴 《기독교의 증거(*Evidences of Christianity*)》라는 책이 있는데, 1831년 케임브리지 대학교에서 학위를 받을 때 그 책을 거의 암송하다시피 했대요. 그때까지는 모든 생물은 신이 만들었다는 자연신학의 관점을 견지하고 있었죠. 창조론에 기울어진 다윈의 생각은 비글호 항해 때까지 계속 이어집니다.

생물학자들이 '시계공 논증'에 대해 반박하는 부분은 이거예요. '그래, 시계를 설계한 사람이 있다고 치자. 시계 자체도 복잡한데, 그 복잡한 시계를 설계한 사람은 훨씬 더 복잡할 거 아냐? 그럼 그 복잡한 설계자는 누가 설계했지?' 이런 식으로 논리적인 허점을 지적해요.

항해를 떠나다

장수철 다윈의 삶에 결정적 전기(轉機)를 마련해 준 사건이 비글(H. M. S. Beagle)호 탑승일 겁니다. 이 배는 해군 함정이었어요. 다윈은 어떻게 이 걸 타게 됐을까요? 비글호 함장 로버트 피츠로이(Robert Fitzroy)는 항해 중에 선원들과 식사를 같이 안 했대요. 당시에는 그렇게 거리를 둬야 선 원들을 잘 통제하고 지휘할 수 있다고 생각했나 봅니다. 친하게 지내면 함장의 권위가 손상될 수 있다고 여긴 거예요. 그렇다고 외톨이로 지낼 수는 없고. 그래서 함장과 동등한 지위에서 함께 지낼 만한 말상대, 즉 Gentleman companion이 필요했던 겁니다.

당시 박물학자, 생물학자들의 주된 관심사는 생물의 표본을 모으는 거 였어요. 다윈도 마찬가지였죠. 가능한 한 표본을 많이 만들려면 세상을 둘러보고 오는 게 좋겠다고 생각하던 참이었어요. 때마침 다윈의 스승 존 스티븐스 헨슬로(John Stevens Henslow)도 비글호 탑승을 권유했습니다. 그런데 함장 피츠로이는 면접을 하면서 다윈의 얼굴이 마음에 안 들었나 봐요. 피츠로이는 골상학 신봉자였거든요. 그랬는데 사회적 지위도 비슷 하고 교육을 잘 받았다고 판단해서 같이 타고 간 거예요. 나이도 비슷하 고. 양쪽의 이해관계가 맞아떨어진 셈이죠. 다윈은 숙부의 도움을 받아 항해를 반대하던 아버지를 잘 설득하고 비글호에 오릅니다.

비글호 항해는 원래 1년 계획이었어요. 영국을 떠나서 남아메리카 대

그림 1-2 비글호 진화론을 이야기할 때 찰스 다윈의 이전과 이후가 가장 중요한 분기점이라면, 다윈의 일생에서 가장 큰 분기점은 비글호의 탑승이었을 것이다. 1831년 12월 27일 다윈이 탑승한 비글호가 출항했다.

류의 해안선 지도를 그려 오는 게 목적이었어요. 군사적 목적이었죠. 남아메리카 해안을 따라 돌고 태평양을 지나 돌아올 예정이었는데 어찌어찌하다 보니까 5년이나 걸렸습니다. 항구에 들를 때마다 다윈은 해당 지역의 지질 및 동식물 표본을 수천 개 만들었어요. 그걸 계속해서 영국으로 보냈습니다. 그러면서 지질학계와 생물학계에 자신의 입지를 쌓아 갔죠. 5년 후에 항해를 끝내고 귀국할 때는 명성이 꽤 높아졌어요. 영국에서 큰 환영을 받습니다.

다윈의 이동 경로는 지금으로 치면 브라질 해안, 아르헨티나 초원, 우루과이 남부를 돌아서 칠레에도 머물고, 쭉 올라가서 태평양의 갈라파고스 제도를 경유했습니다. 비글호는 앞뒤 길이가 28미터에 폭이 7.5미터

그림 1-3 비글호 항해 경로 영국의 플리머스 항에서 출항하여 5년 동안 지구의 남반구를 일주했다. 다윈은 비글호의 항해 경로를 따라 이동하며, 배에서 내려 그 지역의 지질과 생물을 연구했다.

밖에 안 됐다고 해요. 굉장히 작은 배죠. 파도에 자주 휩싸이며 무지무지 고생했다고 합니다.

프랭크 설로웨이(Frank J. Sulloway)라고 '다윈의 발자국(In Darwin's Footsteps)' 프로젝트를 진행하는 사람이 있어요. 이 사람이 자기 동료들과 함께 비글호 항해 경로를 따라 답사해 봤대요. 죽는 줄 알았대. 너무 힘들어서. 그런데 다윈의 《비글호 항해기(The Voyage of the Beagle)》에 따르면 다윈은 그렇지 않았대요. 표본을 수집하는 즐거움 때문에 전혀 힘들지 않았던 거예요. 늘 방학을 맞은 학생 같았답니다. 조증이 아니었나 하는 생각도 들어요. 적어도 비글호 항해를 마칠 때까지는.

아주 명쾌한 진화론 수업

그림 1-4 다윈은 비글호 항해 중 남아메리카 대륙의 아르마딜로(왼쪽)가 그곳에서 발굴한 화석과 비슷하다는 것에 크게 놀랐다. 몸길이가 40~70센티미터밖에 되지 않는 아르마딜로가 당시에는 존재하지 않던 조치수(오른쪽) 화석과 비슷하다는 점에서 현대의 생물종과 멸종한 종 사이에 어떤 관계가 있을 것이라고 짐작했다.

생물, 변할 것 같은데?

장수철 비글호를 타고 곳곳을 다니는 동안 다윈은 라이엘의《지질학 원리》를 보면서 점진론을 접하게 돼요. 처음에는 '생물이 변할 수 있다고? 에이, 설마.' 하는 정도로 생각했을 거예요.

아르마딜로(armadillo) 본 적 있어요? 텔레비전에서 원주민들이 잡아먹는 장면이 나오기도 하는데, 크기가 별로 크지 않아요. 두 손으로 잡을 수 있을 정도? 다윈은 남아메리카 대륙에서 아르마딜로를 관찰했는데, 거기서 발견한 거대한 조치수(彫齒獸, Glyptodont) 화석을 복원해 보니까 아르마딜로와 너무 비슷한 거예요. 이것을 본 다윈의 머릿속엔 질문이 꼬리를 물고 이어집니다. '아르마딜로의 조상이 그 자리에 있었던 거 아냐? 이상하다. 왜 그 자리에 있지? 그럼 조치수가 변할걸까? 신이 창조를 했다면 저런 변화가 필요 없었을 텐데?'

갈라파고스 제도에 있던 거북도 다른 곳에서는 볼 수 없는 놈들이었

그림 1-5 갈라파고스 제도 남아메리카 대륙에서 서쪽으로 1,000킬로미터 떨어진 에콰도르령(領) 화산 제도. 적도 부근에 위치해 있고 다양한 기후를 가지고 있으며 섬이라는 특성 때문에 독특한 생태계를 이루고 있다. 다윈이 자연 선택 이론을 발전시키는 데 큰 영향을 미쳤다.

어요. 그래서 거북 표본을 만들어요. 즉 박제로 만드는 거예요. 선원들도 거북을 많이 수집했는데 그 과정에서 나온 거북 고기는 항해하면서 다 먹었다고 그러더라고. 거북 고기 맛이 괜찮대요.

갈라파고스 제도를 그림으로 보면 굉장히 가까운 것 같은데 실제로는 섬 사이의 거리가 멀어요. 섬마다 사는 거북이 다 달랐죠. 섬마다 독특한 핀치(finch) 새도 관찰합니다. 다윈은 조금씩 다른 거북이나 핀치 새를 보면서 서로 다른 종이 아니라 변종의 하나라고 생각해요. 변종은 기본적으로 같은 종이지만 일부만 다른 것이거든요. 사람도 키 큰 사람이 있고, 얼굴이 검은 사람도 있는 것처럼 말이죠. 서로 다른 종류는 아니라고 생각했어요. 다만 '이 새들이 900킬로미터나 떨어진 에콰도르에 있는 새하

아주 명쾌한 진화론 수업

고 왜 비슷한지는 모르겠다. 신이 이곳에서 새를 창조했다면 에콰도르에 있는 새하고 다르게 만들지, 굳이 왜 이렇게 비슷하게 만들었을까?' 이런 생각을 해요. 처음에는 자연신학의 관점으로 고민했지만 조금씩 뭔가 이상하다는 생각이 들어 조류학자 존 굴드(John Gould)에게 자문을 구합니다. 그랬더니 같은 종으로 알았던 핀치 새들이 전혀 다른 종이라는 거예요. 다윈으로서는 충격적인 내용이었죠. 그때부터 다윈이 굉장히 힘들어 해요. '아니, 갈라파고스 섬에 있는 핀치 새들이 서로 다른 종이라고? 에콰도르에 있는 핀치 새랑 비슷하게 생긴 것은 뭔가 생각할 점이 있는 걸까?'

다윈은 여태까지 종이 변하는 정도가 아닌 허용되는 범위 내에서만 변화가 다양하다고 알고 있었거든요. 그런데 완전히 다른 종류라는 이야기를 들은 거예요. 여기에 조치수 화석과 아르마딜로가 머릿속에 남아 있었고요. 그래서 생물은 창조된 게 아닌 것 같다고 생각하기 시작합니다. 가장 그럴듯한 시나리오는, 에콰도르에 있는 핀치 새가 어찌어찌해서 900킬로미터를 날아와 갈라파고스 제도 여기저기 번식하면서 섬마다 환경에 맞는, 완전히 다른 종으로 변했다는 거예요. 다윈은 지금껏 모아 온 수많은 표본을 연구하고, 전국의 비둘기 사육사와 편지를 주고받으면서, 또 직접 따개비를 길러 관찰하고 실험하면서 결국은 생각을 바꿉니다. 생물은 변한다고. 오랜 세월이 지나면 생물은 변하는 것 같다고.

아직 모든 의문이 다 해소되지는 않았어요. '그래, 오랜 세월이 지나면 새로운 종이 출현할 수 있어. 그런데 어떻게 해서 환경에 그렇게 잘 적응한 형태가 됐지?' 이걸 설명할 수 없는 거예요. 그러던 차에 다윈은 토머스 맬서스(Thomas R. Malthus)의 《인구론(An Essay on the Principle of Population)》을 읽습니다. 인구의 증가 속도가 식량 생산 속도를 압도할 거라는 내용이었죠. 이 책을 읽고서 다윈은 인간의 환경을 생물의 환경으로 바꿔서 생각해 봅니다. 즉 자연에서도 먹이가 늘어나는 속도보다 생물의 개체 수가 더 빠르게 증가할 것이다. 그러면 같은 종 안에서 먹이를 두고 경쟁이 일어나고 결국 강한 개체만 살아남을 것이라고 말이죠. 그랬더니 설명이 되는 거예요. 또 이런 말도 합니다. '적응할 수 있는 형질을 가지고 있으면 선택이 되고 그렇지 않으면 선택되지 않는다. 내가 비둘기 사육사와 많이 이야기해 봤는데, 비둘기 사육사가 계속 선택해서 자손을 얻으면 결국 원하는 형태의 비둘기가 만들어진다고 하더라.' 인공 선택이죠. 맬서스 이론과 인공 선택에서 힌트를 얻어 자연 선택(natural selection)의 개념을 정리합니다.

자연 선택은 간단히 말해, 주어진 환경에 적응할 수단이 있으면 살아남고 그렇지 않으면 자연에서 사라진다는 뜻이에요. 살아 있는 것들은 주어진 환경에 잘 적응한 놈들이죠. 이렇게 자기 생각을 정리하고, 세월이 지나면 생물이 변한다는 주장을 뒷받침할 증거도 꾸준히 수집해 갑니다. 그런데 다윈은 너무 신중했어요. 어떻게 보면 좀 소심합니다. 자꾸 증거만 모으고 책으로 출판을 안 해요. 안 하는 이유가 뭐냐 하면…….

이재성 확신이 없었기 때문이 아닐까. 자기 주장을 입증할 증거가 부족했거나.

장수철 증거는 충분했어요.

이재성 그걸로는 부족하다고 생각했겠죠.

장수철 그렇게 부족하다고 생각 안 했던 것 같아. 당시의 시대 상황 때문에 생물이 변한다는 주장을 펼치기가 힘들었어요. 그때는 자연신학에서 말하던 생물의 불변성이 지배하는 시절이었거든요. 자기 생각과 증거를 출판하기가 너무 겁이 난 거예요. 자칫하면 무신론자나 급진주의자라는 비난이 쏟아져서 사회적 논란의 중심에 서게 될 것이 뻔했으니까요. 친

아주 명쾌한 진화론 수업

한 동료 생물학자한테 이렇게 실토한 적도 있어요. 살인이라도 저지른 것처럼 마치 해서는 안 될 짓을 한 것 같다고 말이죠. 살인은 진짜 커다란 죄악이잖아요. 그러면서도 '생물은 변하는 것 같다. 아무리 봐도 생물이 변하지 않는다는 생각은 틀린 것 같다.'는 주장을 굽히지는 않았어요. 그래서 아내 에마에게 자기가 죽으면 원고를 책으로 출판해 달라고 부탁합니다.

그런던 차에 다윈에게 편지 한 통이 날아와요. 앨프리드 월리스(Alfred R. Wallace)라는 젊은 과학자가 보낸 편지였어요. 그 사람은 당시 인도네시아, 인도 등지를 돌아다니고 있었죠. 편지 내용은 생물에 관한 새로운 이론을 발견했으니 자기가 쓴 논문을 평가해 달라는 부탁이었어요. 자세히 보니 '자연 선택'을 다룬 내용이었습니다. 다윈이 수십 년간 준비해 왔지만 소심한 성격 탓에 서랍 속에 묵혀 두기만 했던 이론을 당시에는 듣보잡이었던 학자가 논문으로 발표하겠다는 거예요. 다윈의 심정이 어땠겠어요?

다윈의 입장에서는 몇십 년 동안 준비해 온 이론이 다른 사람의 업적으로 나갈 수 있는 거잖아요. 다윈은 마음이 다급해졌어요. 결국 다윈은 당시 학계에 영향력을 행사하는 친구들에게 의견을 물어 보고, 친구들의 조언을 받아들여 1858년에 월리스와 공동으로 논문을 발표합니다. 당시 논문이 게재된 학술지 이름이 《런던 린네 협회 회보 학술지(Journal of the Proceedings of the Linnean Society of London 2(9))》. 논문 제목은 〈다양성을 형성하는 종의 경향성; 그리고 선택이라는 자연적 방법에 의한 다양성 및 종의 영속성(On the Tendency of Species to Form Varieties; and on the Perpetuation of Varieties and Species by Natural Means of Selection)〉입니다. 이렇게 자연 선택과 진화에 관한 논문이 발표돼요.

그 이후로 갑자기 다윈의 행보가 빨라집니다. 그동안 열심히 준비한 것들을 책으로 출간합니다. 1859년 11월 24일,《종의 기원》이 세상에 선을 보인 날입니다. 원래 제목은 훨씬 길었어요.《자연 선택의 방법에 의한 종의 기원, 즉 생존 경쟁에 있어서 유리한 종족의 보존에 대하여(On the Origin of Species by Means of Natural Selection, or the Preservation of Favoured Races in the Struggle for Life)》. 이 책은 사람들 사이에서 화제가 됐어요. 초판을 1,250부 찍었는데 그날 다 팔렸습니다.

이재성 그걸 사 놨어야 하는데.

장수철 리처드 도킨스(Clinton Richard Dawkins)가 6판을 한 권 가지고 있다고 하더라고. 구하기 쉽지 않을 거예요.

초판은 14개 장으로 구성되었습니다. 서문에 맬서스의 영향을 받았다는 내용이 있어요. 본문을 보면 비둘기에 관한 이야기가 제일 처음에 나오고, 그다음에 자연 상태에서 발생하는 변이, 이어서 자연 선택에 관한 이야기가 나와요. 그리고 지질학적인 기록, 생물의 지리적 분포, 형태학과 발생학, 여러 가지 흔적 기관을 언급한 다음 갈라파고스 제도 이야기도 나옵니다. 마지막에는 정리하는 글을 썼고요.

이듬해인 1860년에 2판이 나왔어요. 초판에서 잘못 표기했던 내용을 수정해서 냈는데, 문장 9개를 삭제하고 30개를 추가합니다. 그리고 하도 주위에서 말이 많으니까 마지막 문단에 '창조주에 의해(by the Creator)'라는 문구를 넣었어요. 나중에 사적인 자리에서 그 문구를 넣은 걸 후회했다는군요.

3판에는 '종이 변한다는 생각은 나만의 생각이 아니다. 그전에 종의 변화 가능성을 이야기했던 사람들이 있다.'고 하면서 그 사람들을 소개합니다. 4판에는 발생학 내용을 강화하고 본문을 10퍼센트 추가했어요.

5판에서 비로소 적자생존(survival of the fittest)이라는 용어가 등장해요. 그 전에는 쓰지 않았죠. 사회학자 허버트 스펜서(Herbert Spencer)가 독자들의 이해를 쉽게 하기 위해 《종의 기원》에 넣으라고 여러 번 권유했던 개념입니다.

1872년 다윈 생애 마지막 판본인 6판이 출간됩니다. 여기서 그동안 제기됐던 반론을 다 모아서 조목조목 반박했다고 하죠. 그리고 5판까지는 변형 혈통(descent with modification)이라는 말을 썼는데, 드디어 6판에서 진화(evolution)라는 용어를 사용하고 책 제목도 《종의 기원》으로 바꿉니다. 그래서 6판이 《종의 기원》의 가장 완성된 형태라고 이야기하는 사람들도 있어요.

반면에, 개정판을 내면서 세간을 의식해 바꾼 내용도 상당히 많아요. 생물학자들은 대부분 초판이 다윈의 생각을 가장 잘 표현했다고도 평가합니다. 처음에 진화 대신 사용한 변형 혈통이라는 용어를 살펴보죠. 부모가 자손을 낳으면 자손은 부모와 조금이라도 다르고, 그런 차이가 축적되다 보면 새로운 종이 생긴다는 의미예요. 그래서 5판까지는 진화라는 용어를 사용하지 않았죠. 또한 4판까지 자연 선택이라고만 하다가 5판부터 적자생존이라는 용어가 등장합니다. 많은 생물학자가 굳이 그 용어를 사용할 필요가 있었겠느냐 하고 아쉬워하기도 합니다.

다윈 이론의 핵심을 다섯 가지로 정리하면 다음과 같습니다.

첫째, 생물은 꾸준히 변한다. 진화한다는 거죠.

둘째, 모든 생물은 공통 조상에서 유래한다. 이건 정말 대단한 거예요. 수많은 관찰 결과 생물들의 공통점을 뽑아내 얻은 결론이에요. 요즘 생물학자들은 '모든 생물은 DNA로 이루어져 있다. 모든 생물은 세포로 이루어져 있다. 모든 생물은 DNA의 유전 정보를 읽어서 단백질을 만든다.

모든 생물이 사용하는 에너지의 형태는 ATP다.'라는 사실을 알고 있죠. 그런데 다윈은 그런 내용을 하나도 모르고서 모든 생물은 공통 조상에서 유래했다는 사실을 알아낸 거예요. 얼마나 대단한 직관인가요. 천재가 아닌, 노력형 과학자가 어느 경지까지 오를 수 있는지 보여 주는 아주 대표적인 사례예요.

이재성 할아버지한테 물려받은 것 같은데…….

장수철 그럴 수도 있어요. 그런 직관은.

그다음 셋째, 시간이 흐르면서 새로운 종이 출현한다. 부모가 낳은 자손이 달라지고 또 달라지고 해서 이런 차이가 계속 축적되다 보면 꽤 오랜 시간이 지났을 때 전혀 다른 종이 출현할 수 있다는 이야기죠.

넷째, 이런 변화는 점진적으로 일어난다. 진화는 어느 날 갑자기 일어나는 게 아니라서 한참 지난 후에 알게 된다는 거죠. 진행되고 있을 때는 진화가 일어나는지 잘 몰라요. 인간의 조상을 축구장같이 넓은 곳에 순서대로 쭉 앉힌다고 가정해 봐요. 10대 할아버지, 100대 할아버지, 1,000대 할아버지……. 계속 거슬러 올라가면 10만 년 전, 20만 년 전 인간의 조상이 나올 거 아니에요? 20만 년 전보다 더 과거로 가면 호모 사피엔스(Homo sapiens)가 아니라, 호모 에렉투스(Homo erectus) 그리고 호모 에르가스테르(Homo ergaster)가 앉아 있을 거예요. 호모 사피엔스와 호모 에렉투스는 뭐가 다른지 구분할 수 있지만 그 중간 단계는 조금씩밖에 차이가 안 나거든요. 어디서부터가 호모 에렉투스이고 어디서부터 호모 사피엔스인지 모르는 거야, 중간중간은.

다섯째, 자연 선택이라는 메커니즘을 통해 주어진 환경에서 더 잘 생존하고 번식에 성공하는 놈들은 유전자를 자손에게 남길 수 있다.

자, 이제야 비로소 기존의 생물학과 완전히 달라진 새로운 체계가 세워졌습니다. 다윈이 말하고자 한 핵심은 변형 혈통이 조금씩 전달돼서 큰 변화를 만든다는 거예요. 그리고 이것을 두 가지 의미로 정리할 수 있어요. '생물이 그렇게 다양하면서도 공통점을 나타내는 까닭은 진화론으로밖에 설명할 수 없다.', '그냥 변하는 게 아니라 자연 선택이라고 하는 특별한 메커니즘이 있더라.'

《종의 기원》은 저도 한번 읽어 봤는데 너무 지루해요. 어떤 문장은 한 페이지 넘도록 안 끝나. 읽다 보면 주어하고 목적어가 헷갈려요.

이재성 그거 되게 두꺼워.

장수철 책 보다가 너무 지겨워서 혼났어요. 생물학자들이 보기에도 쉽지 않아요. 진화생물학자 에른스트 마이어(Ernst W. Mayr)는 《종의 기원》을 분석해 관찰 다섯 개와 추론 세 개로 정리를 했어요. 관찰-1 '모든 개체는, 성공적으로 번식을 한다면 그 집단의 크기가 기하급수적으로 증가할 수 있는 생식 능력을 가졌다.' 이걸 뒷받침하는 여러 데이터가 있어요. 심지어 코끼리도 가만 놔두면 기하급수적으로 늘어날 거예요. 우리 인간도 산업 사회를 거치면서 인구가 급격히 늘어난 적이 있어요. 그래서 지금 세계 인구가 70억 정도죠. 인류의 경우에는 어떻게 보면 자연 선택이 안 일어난 것 같아요. 관찰-2 '이런 생식 능력을 가졌다고 해서 개체 수가 무한정 늘어나는 건 아니고 일정하게 유지되는 경향이 있다.' 관찰-3 '먹이나 서식지 등의 환경적인 자원은 제한되어 있다.' 이 세 가지 관찰로 추론-1을 도출할 수 있어요. '기하급수적으로 번식할 수 있는 생식 능력을 가지고 있더라도 환경 자원이 제한되어 있기 때문에 생물 집단은 생존 경쟁을 할 수밖에 없다.' 환경에 적응할 능력이 있는 생물은 그만큼 더 잘 살고, 그렇지 않으면 도태된다는 이야기죠. 내가 보기엔 자기들끼리 치고받고 싸워서 그럴 수도 있을 것 같고. 관찰-4 '집단 내 개체는 아무리 관찰을 해 봐도 똑같은 놈이 없다.' 관찰-5 '이런 다양성은 자손한 테 전달된다.' 여기서 추론-2 '그런 식으로 살아남은 개체를 통해서 형질이 후대에 전달된다.' 그리고 추론-3 '생존 능력의 차이, 더 중요하게는 번식 능력의 차이에 의해서 집단 내에 변화가 생기게 된다.'

다윈의 견해를 두고 역사적으로 많은 논란이 있었지만 결국《종의 기원》에서 제시한 기본적인 주장은 전부 다 옳다는 것이 현재까지 대다수 생물학자의 판단이에요.

이재성 궁금한 게 있었는데, 앨프리드 월리스? 그 사람 어떻게 됐어요? 다윈과 같이 발표했다며.

장수철 공동 논문 형식으로 발표했죠. 월리스는 다윈이 20년 가까이 그 분야의 연구를 진행해 왔다는 걸 알고 있었어요. 그래서 자기 이론을 빼앗겼다는 생각을 전혀 하지 않았고, 오히려 자연 선택에 의한 진화론은 다위니즘이라고 이야기했답니다.

이재성 혹시 다윈이 생물학계에서 방귀깨나 뀌는 유명 인사라 힘에 눌린 것 아니야? 더러운 세상 아니야, 그거?

장수철 심리학적으로 그렇게 분석하는 사람도 있긴 있더라고. 그런데 …… 아이작 뉴턴(Isaac Newton)과 고트프리트 라이프니츠(Gottfried W. Leibniz)가 싸운 거 알죠?

이재성 잘 몰라요.

장수철 미적분을 누가 먼저 발견했느냐 가지고 진짜 피 터지게 싸워요.

이재성 아. 그런 것 많죠.

장수철 당사자들보다 영국과 독일 수학자들 사이에 감정싸움이 대단했죠. 하지만 다윈과 월리스는 아주 사이좋게 지내요. 다윈은 부자였고 월리스는 무척 힘들게 살았거든요. 나중에 다윈이 평생 재정적인 도움을 줘요.

아주 명쾌한 진화론 수업

이재성 혹시 그걸로 거래한 거 아니야?

장수철 그걸로 거래했다고 보기에는 그 이후에 다윈이 발표한 책이나 논문이 압도적으로 많아요. 깊이와 양에 있어서 비교가 안 돼요.

이재성 월리스 그 사람, 젊은 사람인데 자연 선택까지 생각했으면 그 사람도 대단하다고 해야겠네.

장수철 다윈도 젊었을 때부터 자연 선택을 연구하기는 했죠. 발표가 늦어져서 그렇지.

이재성 궁금했어요. 잠깐 나오고 사라져서.

장수철 월리스는 평생 자연 선택론을 방어했어요. 그런데 뇌에 관해서는 입장이 달라지는 것 같아요. '인간의 뇌는 너무나 복잡해서 자연 선택으로 설명하기에는 너무 어려운 것 같다. 뇌는 신의 영역일 수도 있겠다.' 하고 조금 돌아서죠. 다윈이 말년에 그 이야기를 듣고서 '우리가 낳은 자식을 그렇게 폄하하지 않았으면 좋겠다.'고 말했답니다.

이재성 《종의 기원》 6판에서 변형 혈통이 진화로 바뀌었다고 하는데, 둘의 차이가 뭐예요?

장수철 대중성을 고려했다는 생각이 일단 드는데……. 'descent'는 아래로 전달하기, 혈통이라는 뜻이에요. 'descent with modification'을 말 그대로 해석하면 자손을 낳을 때마다 조금씩 바뀐다는 뜻이잖아요? 그래서 'descent with modification'은 변화를 중요시하는 거고, 'evolution'은 여기에 자연 선택이 되느냐 안 되느냐 하는 이야기까지 합쳐진 거라고 할 수 있어요.

이재성 어느 게 더 정확한 거예요?

장수철 《종의 기원》의 문맥상으로는 변형 혈통이 좀 더 정확하다고 생각해요. 진화라는 말은 포괄적이에요. 만약 변형 혈통이라는 용어를 전부 다 진화로 바꿨다면 정확성이 떨어지지 않았을까 싶어요. 그래서 생물학자 중에는 변형 혈통을 진화로 바꾼 것, 적자생존이란 말을 집어넣은 것을 다윈의 초기 주장에서 후퇴한 표현이라고 여기는 사람도 많아요.

이재성 그런데 왜 요즘엔 진화라는 말을 써요?

장수철 사실 진화라는 말에는 자연 선택 말고도 뒤에 나오는 유전적 부동, 유전자 이동 등 다른 메커니즘이 포함돼 있어요. 당시 다윈이 몰랐던 것을 후학들은 아니까.

이재성 그러면 적자생존은 어때요? 오히려 자연 선택보다 적자생존이 더 적합할 것 같은데? 자연 선택은 자연이 선택한다는 느낌이 강하지만 적자생존은 개체가 주체가 되는 느낌이 강하거든요. 어차피 살아남는 건 개체니까.

장수철 그건 단어가 주는 뉘앙스 때문에 그래요. 개념 자체를 살펴보면, 일단 '적자생존'보다 '적자번식'이 더 정확하게 진화를 표현해요. 생존도 중요하지만 자손이 없으면 진화의 의미가 없어요. 즉, 번식에 성공하는 놈이 자손에게 유전자를 남길 수 있습니다. 적자, 원문대로 해석하면 '가장 잘 적응한 것(the fittest)'이죠. 그런데 자연 현상을 보면 굳이 전체 집단에서 가장 잘 적응할 필요가 없어요. 주어진 환경을 견뎌 낼 정도면 충분해요. 즉, 자연 선택이 되는 것이죠. 'the fittest'란 단어를 마치 구성원들끼리 경쟁을 해서 최고만 살아남는다는 것처럼 오해할 수 있는데, 실제로는 그렇지 않습니다.

　적자생존은 나중에 자본주의의 경쟁 원리에 쓰이잖아요. 독일이 유대인을 학살할 때도 이 개념을 가져다 써요. 제대로 뜻에 맞게 쓰는 것도 아니고, 엉뚱하게 끌어 써서 쓸데없이 이념적인 오해를 받게 하는 게 참 맘에 안 들지.

이재성 생물학자들은 생물학 개념이 사회적으로나 정치적으로 이용되는 걸

아주 명쾌한 진화론 수업

싫어하는군요.

장수철 아니, 이용하더라도 내용을 정확히 알고 반영해야지!

이재성 발끈하시기는.

장수철 질문에 대답하는데 발끈한다고 하면 난 어쩌라고.

이재성 웃자고 한 이야기에 막 정색하고 목청을 높이니까.

　아무튼 중세 시대 사람들은 어째서 인간을 신이 만들어 낸 완벽한 작품이라고 생각했을까요? 완벽한데 왜 이렇게 모양이 다르고, 왜 늙어? 신학을 했으면 오히려 인간이 불완전한 존재라고 느낄 것 같은데. 잘못 만들었던가.

장수철 인간이나 생물의 신기한 점만 보고 '완벽한' 작품이라고 생각했겠죠.

수업이 끝난 뒤

이재성 생물이 변하지 않는다고 해서 처음에는 헷갈렸어요. 선생님 설명 들을 때 자꾸만 딴 생각이 나더라고.

장수철 헷갈릴 게 뭐가 있어?

이재성 아무리 옛날 사람이라도 그렇지, 조금만 주위를 둘러봐도 뭐가 됐든 변하는 게 뻔히 보이잖아요. 땅에 묻은 씨앗에서 싹이 돋아 곡식이나 과일로 변한다든지, 애벌레가 번데기가 되었다가 나비로 변한다든지…….

장수철 한 개체의 생장 과정을 말하는 게 아니라니까 그러네.

이재성 알아요, 알아. 진화론에서 말하는 변화란 여러 대에 걸쳐 일어나는 생물종의 변화를 의미하는 거예요. 내가 제대로 이해한 건가? 하지만 엄밀히 말하면, 그 당시 사람들은 생물이 변하지 않는다고 믿었다기보다 진화를 믿지 않았다고 봐야지. 아니, 애써 외면했다고 하는 게 더 적절할 것 같아요.

불편한 진실을 마주하기가 두려워서.

장수철 좀 더 정확하게는, 오랜 세월이 흐른 뒤 집단 안에서 특정 형질의 비율이 크게 달라질 수 있다는 이야기예요. 이런 일이 반복되다 보면 어느 순간 지금까지와는 다른 새로운 종이 나타나는 겁니다.

이재성 그나저나 중세 시대도 아니고, 19세기 중반까지 진화론을 부정했다는 게 믿기지 않아.

장수철 그만큼 관습과 종교 권위에 사회 전체가 억눌려 지냈다는 반증이 겠지. 교리를 벗어나는 행위 자체를 용납하지 않았으니까. 그런데……생각해 봐. 인간의 확증 편향 때문에 벌어지는 황당한 일은 한두 가지가 아닐걸. 역사적으로 따져 보면 수두룩해. 예를 들어, 유럽이 민주주의와 인권이 발달했다지만 여성에게 투표권을 부여한 게 언제였는지 알아?

이재성 20세기 초반 아니었을까? 19세기 말이었나?

장수철 나라마다 사정이 달랐겠지만 프랑스는 1946년이었대. 스위스는 한 술 더 뜨더라고. 1971년이야. 우리나라보다 23년이나 뒤져. 뭐, 그렇다고 현재 한국의 여권(女權)이 스위스보다 낫다고 장담은 못 하겠지만.

이재성 그래요? 사우디아라비아는 아직도 여성이 운전하는 걸 금지한다던데. 하긴, 옷도 마음대로 못 입게 하니……. 하여튼 이런 게 다 '생물은 변하지 않는다.'로 대표되는 관성적 사고방식이 젠더(gender) 문제에 투영된 것이 아닐까 싶어요. 음…… 말해 놓고 보니, 사족을 달지 않으면 안 되겠군. 특정 종교와 문화를 폄하하려는 의도는 없어요!

장수철 운전면허는 2018년에 허용한대.

아주 명쾌한 진화론 수업

진화를 확인할 수 있나요?

: 진화의 증거

오늘은 진화론에 무게를 실어 줄 증거들을 살펴보려고 합니다. 그 전에 한 가지만 짚고 넘어갈게요. 진화와 관련해서 사람들이 오해하는 게 있어요. 대표적인 것이, 진화를 낮은 수준의 생물이 고등 생물로 고도화되어 가는 과정이라고 여기는 거예요. 침팬지가 오랜 세월이 흐르면 언젠가는 인간으로 변해 갈 거라는 식으로 말이죠. 절대 그렇지 않아요. 진화론에서 주장하는 내용은 인간과 침팬지의 조상이 한때 같았다는 겁니다. 그리고 긴 기간 동안 특정 생물종이 특정 기능이 발달하거나 구조가 개선될 수야 있겠지만 그것 자체를 진화와 동일시하면 안 돼요.

진화는 복잡성의 증가다?

이재성 진화가 생물이 복잡해지는 것은 아니라는 뜻인가요?

장수철 세균을 보세요. 이르면 38억 년 전부터 생겨나 아직까지 살아남았잖아요. 살아남았다는 것 자체가 성공적으로 진화해 왔다는 뜻이에요. 현존하는 생물은 아주 단순한 구조의 미생물이나 고등 영장류 할 것 없이 진화에 성공했다는 점에서 모두 똑같다고 봐야 해요.

이재성 지금 그 말대로라면 생물 중에서 어느 게 더 많이 진화했다 덜 진화했다 이야기할 수 없다는 거네요?

장수철 맞아요. 처음에 원시 세포가 있었겠죠. 그 원시 세포들 사이에 경

아주 명쾌한 진화론 수업

쟁이 일어나서 세포다운 세포가 생겨났을 겁니다. 그놈은 세균과 비슷했을 거예요. 그런 세균의 종류가 많았는데, 그중에서 어떤 세균은 그대로 남고, 어떤 세균은 덩치가 커져서 다른 세균을 잡아먹다가 같이 살게되면서 커다란 진핵세포가 되었겠죠. 여러 단세포 생물 사이에서 선택과 멸종이 일어나면서 어떤 건 아주 성공적으로 자손을 이어 갔을 거예요. 그러다가 어느 시점에 다세포 생물이 출현하고 이것이 점점 다양한 종류로 변해 갔어요.

이재성 복잡해지는 거 같아요. 점점.

장수철 종 수가 많아지는 경향은 있지만 진화를 단순한 생물에서 복잡한 생물의 출현만으로 볼 수는 없어요. 이 점이 굉장히 중요해요. 현존하는 생물은 단순하든 복잡하든 동등한 수준으로 진화에 성공한 거예요.

어디서부터 진화인가요

장수철 대개 조상 세대와 달라졌다고 할 만큼 집단의 특징이 많이 바뀌었을 때 새로운 종의 출현이 가능해져요. 세균이나 초파리로 실험하면 빠른 시간 안에 진화를 볼 수 있어요. 새로운 종이 되는지는 정말 더 기다려 봐야 해요. 개체 하나하나의 변화를 가지고 진화라고 할 수는 없어요. 집단 전체의 변화로 이어져야 진화입니다.

개체의 변이가 계속 생기고, 그 변이 중 선택이 일어나는 건 반복되는 현상이에요. 이런 반복이 계속 일어나서 한 집단 내에서 변이의 출현 빈도가 바뀌는 거죠. 그러다 보면 옛날 조상으로 다시 돌아가는 경우는 결코 없습니다. 그 변화가 계속되는 게 진화예요. 어떻게 보면 허무해요.

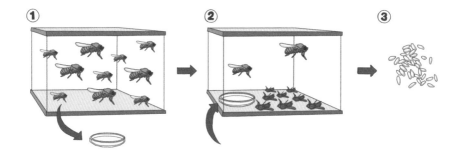

그림 2-1 초파리의 진화 실험 그림에서 초파리 한 마리는 500마리를 의미한다. ① 5,000마리의 초파리에게 먹이 공급을 제한해 선택적으로 살아남게 만든다. 이 경우 먹이가 초파리의 생존 여부를 결정하는 선택 압력이 된다. ② 1,000마리만 살아남을 때까지 기다린 후 다시 먹이를 공급하고 초파리가 굶주림에 버틴 평균 시간을 기록한다. ③ 살아남은 초파리끼리 교배시켜 알을 얻는다. 이 과정을 반복한다.

이재성 끝이 없는 거네요.

장수철 결론은 뭐냐. 없어요. 끝없이 계속 변하는 거예요. 어느 날 태양이 폭발해 지구에 있는 모든 생물이 죽지 않는 한 진화는 계속될 거예요.

오늘은 진화의 증거를 볼 거예요. 초파리를 대상으로 하는 실험입니다. 초파리 5,000마리한테 일부러 먹이를 제한하는 상황을 만드는 거죠. 어떻게 보면 자연이 제공하는 선택 압력일 수 있어요. 왜냐하면 많은 생물들이 생존에 필요한 만큼의 먹이를 충분히 못 먹기 때문이죠.

초파리한테 먹을 걸 주면서 키우다가 일정한 시간이 지난 다음에 먹이를 제거해요. 그러면 굶어 죽겠죠. 굶거서 80퍼센트, 즉 4,000마리가 죽을 때까지 가만 놔둬요. 남은 1,000마리는 뭐예요? 비교적 굶주림에 저항성이 있는 놈들이죠.

살아남은 1,000마리한테 다시 먹이를 주면서 서로 교배를 시켜요. 그럼 알을 얻을 수가 있죠? 이 알들을 다시 잘 키워서 똑같은 과정을 반복

　　　　　　　　아주 명쾌한 진화론 수업

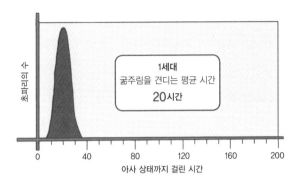

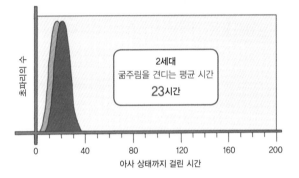

실험은 60세대까지 계속된다.

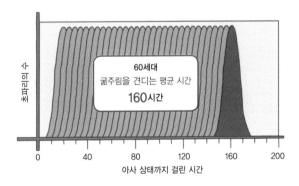

그림 2-2 초파리의 진화 실험 결과 세대를 거듭할수록 그래프가 오른쪽으로 이동한다. 이는 초파리가 굶주림에 견디는 평균 시간이 늘어난 것을 의미한다. 이런 변이들이 누적되면 진화가 일어날 수 있다.

합니다. 그렇게 몇 세대에 걸쳐 계속 해 보는 거예요. 애네들이 먹이를 주지 않는 상태에서 얼마나 견딜 수 있는지 봤더니, 처음에는 평균에 해당하는 시간이 20시간 이었어요. 이보다 더 많은 시간을 견디는 놈들이 있고, 적은 시간을 견디는 놈들도 있는데 어쨌든 정규분포를 그려요. 이런 식으로 두 세대 정도 실험을 반복하면 처음에 20시간이었던 것이 23시간으로 약간 늘어요. 이 과정을 계속 반복했더니 60세대쯤 가니까 160시간으로 늘어나는 거예요. 계속 굶주림에 노출시켰더니 굶주림에 저항할 수 있는 놈들이 계속 생겨났고 점점 더 저항성이 강해지는 놈들이 생겨나는 그런 과정이었죠. 나중에 먹이를 안 먹고도 160시간 이상, 그러니까 거의 일주일을 견딜 수 있는 초파리의 특징은 1세대에 비해서 눈에 띄게 뚱뚱해졌다는 점이에요. 먹이를 많이 먹어서 뚱뚱해지는 것이 아니라, 지방을 많이 축적할 수 있는 돌연변이가 생겨난 겁니다. 먹을 게 있을 때마다 조금씩 지방으로 축적해 놓으면 아무래도 굶주림에 잘 견디게 되겠죠. 생물이 변화할 수 있다는 걸 보여주는 실험입니다. 이런 변이들이 쌓이면 생물이 진화한다고 할 수 있어요.

눈앞에서 일어나는 진화

장수철 실험으로 진화가 일어나는 걸 얼마든지 볼 수가 있습니다. 미시건 주립대학교의 세균학자 리처드 렌스키(Richard E. Lenski) 팀이 비슷한 실험을 했어요. 20년 넘게 대장균 4만 5000세대를 배양해 봤거든요. 7,000세대 즈음에 대장균의 크기가 두 배로 늘어났고, 한 집단에서는 3만 3000세대쯤 배양했을 때 변이가 쌓이고 쌓여 새로운 종류의 대사를 할 수 있는 효소가 생겨났어요. 이 결과가 의미하는 바는 재현 가능한 실험을 통해서 진화가 일어난 것을 보여주었다는 겁니다. 하나의 집단 내에서 조상 세대와 완전히 다른 특징이 나타나는 것을 진화라고 했을 때 그 진화를 실험으로 입증해 보인 거예요. 이와 같은 변화가 여럿 쌓이다 보면 새로운 종이 출현할 수도 있습니다. 종에 대해서는 나중에 설명하죠.

이재성 잠깐만. 이 실험에서 변이가 일어난 초파리들은 새로운 종이 아닌가요?

장수철 네, 이 경우에는 새로운 종이 아니에요.

이재성 좀 헷갈리는데. 새로운 종이 탄생하지는 않았지만 진화라고 한다는 거죠?

장수철 종이 바뀌려면 작은 변화들이 쌓여야 하죠.

이재성 그러니까, 그 상태도 진화라고 해요?

장수철 네. 그 상태도 진화라고 합니다. 새로운 종의 출현이 동반되지 않은 진화라고 할 수 있죠. 소진화(microevolution)라고 해요.

자연에서 일어날 만한 일을 생각해 보자고요. 예를 들어 여우가 토끼를 사냥하고 있습니다. 빨리 뛰는 토끼는 여우가 잘 못 잡겠죠? 잽싸게 도망가는 토끼들만 살아남고 그 유전자가 후대에 계속 전달되면 토끼는 뛰는 속도가 빨라지는 쪽으로 진화하겠죠. 그래서 여우를 풀어 놓고 토끼를 잡게끔 하는 실험을 굳이 하지 않더라도 자연에서 그런 일이 벌어졌으니까 일종의 자연의 진화라고 볼 수 있어요.

치와와처럼 몸집이 작은 개는 계속 작은 놈들끼리 교배시켜서 만든 거예요. 인간의 인위적인 선택 기준에 따라 생물의 특정 형질을 선택한 것이죠. 이것을 인공 선택이라고 합니다. 뒤에서 설명할 거예요.

항생제도 마찬가지예요. 항생제를 사용하다 보면 항생제 내성이 생긴 세균은 살고, 내성이 없는 세균은 죽겠죠. 항생제에 버티는 유전자 변이를 가진 세균들이 자손을 번식시키는 데 유리해집니다. 슈퍼박테리아의 출현도 이런 과정이 빚어낸 결과예요.

이재성 뚱뚱한 초파리 개체가 많이 나타나는 게 진화가 일어나는 증거라고 했어요. 옛날 사람들은 현대인보다 홀쭉했을 텐데 나트륨 섭취가 늘어나고 패스트푸드 먹고 해서 비만 인구가 많아졌잖아요. 그것도 초파리랑 비슷한 거 아닐까? 그럼 그것도 진화인가요? 요즘엔 예전보다 평균 신장도 많이 커졌잖아요.

장수철 초파리의 경우, 대다수가 굶어 죽고 일부만 살아남는 과정을 거치지 않으면 60세대 이후에 그런 변화가 생기지 않아요. 그러니까 자연 선택에 의해서 번식에 성공하고 못 하고 이런 과정이 대를 이어서 어느 정도 있어야 돼. 그래야 진화가 일어나는 거예요. 죽고 사는 선택의 과정이 있어야 하죠.

이재성 현대인들은 그냥 영양 상태가 좋아져서 달라진 거다?

장수철 그렇죠.

이재성 자연 선택으로 집단에 변화가 일어나면 진화로 볼 수 있지만, 환경 요인 때문에 집단에 변화가 일어나면 그건 진화로 볼 수 없다?

장수철 네. 후자의 경우는 다른 용어를 씁니다. 적응(adaptation)은 환경 조건에 맞게 살아남아서 자손을 낳고, 종족의 번식에 유리하게 변화하는 것을 말해요. 우리가 살아 있는 동안에 키가 더 크거나 몸무게가 더 늘거나 바닷속에 들어가서 잠수하면 폐활량이 늘어나는 것은 순화(acclimatization)라고 해요. 적응과 순화는 생물학 용어예요. 사회과학이나 인문학 하는 사람들은 적응이란 말을 이렇게 쓰지 않아요. 우리가 여기서 순화라고 부르는 내용을 적응이라고 하는데, 생물학에서는 적응과 순화를 명확하게 구분하죠.

이재성 그러니까 진화는 어찌 됐든 선택이 있어야겠네요. 적응 능력이 떨어지는 족속이 없어져야 되는 거네요?

장수철 어떤 족속이 없어져야만 하는 것은 아니고, 선택 압력 때문에 번식에 영향이 생겼을 때 진화가 일어나는 거죠.

이재성 선택이 중요한 키워드군요.

장수철 꼭 그렇지 않은 경우도 있어요.

이재성 어렵네요. 결론이 나올 듯하다가 그게 또 아니래.

장수철 선택이 굉장히 중요한 건 맞아요. 맞는데, 그것만으로는 모두 설명이 안 된다는 뜻이에요. 앞으로 살펴 볼 거예요.

진화의 다섯 가지 증거

장수철 진화의 증거는 차고도 넘치지만 제시하는 방식에 따라 크게 다섯 가지로 나눌 수 있어요.

이재성 일단 다섯 가지 모두 한꺼번에 설명해 주실래요? 따로따로 들어가지 말고. 핵심 내용만 추려서 전체 개요를 먼저 짚고 난 다음에 세부적으로 들어가는 게 좋을 것 같아서요.

장수철 좋습니다. 맛보기 삼아 핵심 키워드만 미리 이야기할게요. 첫째, 화석. 화석은 생물들이 남긴 사체니까 진화의 증거 그 자체죠. 둘째, 한때 살았거나 현재 살고 있는 생물이 지리적 환경의 차이에 따라 다르다는 겁니다. 이 분야를 생물지리학이라고 해요. 셋째, 비교해부학과 발생학. 생물의 생김새를 비교하거나 생물이 생겨나는 과정에서 진화의 증거가 나타난다는 겁니다. 넷째, 유전자나 단백질 구조를 비교해 공통되거나 비슷한 부분을 찾는 방식이에요. 비슷하다면 가까운 과거에, 차이가 크면 먼 과거에 공통 조상이 있다는 뜻이겠죠. 다섯째, 아까 초파리 실험에서 봤듯이, 환경의 선택 압력에 따라서 다양한 생존 양상이 나타나고 실험을 통해서 진화를 확인할 수 있다는 거죠. 하나하나 살펴볼게요.

진화의 증거 1 — 화석 기록

장수철 화석은 진화의 기록입니다. 다만 모든 생명체가 화석으로 남는 건 아니기 때문에 불완전한 기록이죠. 자연에서 죽은 동물을 나대지에 놔두고 어떻게 되는지 관찰해 보면 여기저기서 다른 동물이 나타나 고기 뜯어 가고 뼈 물어 가고 곤충도 날아들고 세균이 번식해서 썩어 가거든요. 2~3주 정도 지나면 흔적도 없이 사라져요. 화석으로 남는다는 게 쉬운 조건이 아니에요.

그나마 화석이 잘 발견돼서 진화 과정을 재구성하는 게 가능했던 종이 말, 고래, 인간 정도도 극히 일부이고, 나머지는 중간중간 누락된 부분이 굉장히 많아요. 그런 부분을 잃어버린 고리(missing link)라고 해요. 역사책 중간중간에 페이지가 없는 거예요. 화석이 없는 거죠. 또 페이지가 찢겨 있기도 해요. 화석이 일부만 있는 거죠. 또 그 찢어진 페이지의 글씨가 뭉개져 있기도 해요. 화석의 보존 상태가 좋지 않은 겁니다. 이런 역사책에 쓰여 있던 내용을 재구성하는 게 진화를 공부하는 사람들이 해야 할 일이에요.

말의 조상은 개만 한 크기였다고 해요. 결과만 놓고 보면 말이 점점 커지는 방향을 향해서 진화했다고 잘못 이해할 수 있는데, 그렇지 않습니다. 중간에 여러 종이 출현했다가 하나만 남고 여러 종이 출현했다가 하나만 남고, 이런 과정이 반복돼요. 사람도 마찬가지입니다. 오스트랄로피테쿠스(*Australopithecus*)나 호모(*Homo*) 속(屬)에도 여러 종이 있는데 그중에 호모 사피엔스만 남았죠.

진화는 어떤 방향을 향해서 가는 게 아니에요. 진화의 증거를 놓고 재구성했을 때 얻은 결과로부터 그 경향성을 보는 거예요. 말은 몸집이 커졌고 발굽의 수가 줄었어요. 처음에는 발굽이 다섯 개였는데 지금은 하나밖에 없습니다.

포유류는 재미있는 동물이에요. 아주 먼 과거에 어류 중 일부가 땅으로 나온 놈들의 후손이잖아요. 물과 땅을 왔다 갔다 하는 게 양서류고, 주로 땅에서 살 수 있게끔 진화된 것들이 범파충류와 포유류입니다. 그런데 포유류 중에서 하마같이 다시 물로 돌아간 녀석들이 있어요. 물론, 어류의 일종이던 조상과는 완전히 다른 종류죠. 그러다가 완전히 물에서 살게 된 녀석이 고래입니다. 고래 조상의 뼈를 추적해서 5000만 년에서 4700만 년 전으로 거슬러 올라가 보면 물과 땅 위에서 서식하는 하마와 비슷한 특징이 있다고 해요. 오랜 시간이 지나면서 완전히 물속에서 사는 지금의 고래가 된 거죠. 어류인 상어를 비롯해 물고기의 움직임을 살펴보면 꼬리지느러미를 좌우로 흔들어요. 그런데 포유류인 고래는 위아래로 흔듭니다. 우리가 엎드린 채로 다리를 상하로 움직여서 수영하는 모습이 연상되지 않나요? 뒷다리뼈가 거의 없어지고 꼬리뼈가 있는 꼬리지느러미에 힘이 생겼기 때문에 그런 거예요.

화석을 찾다 보면 중간 단계가 있을 거라는 추정을 할 때가 있어요. 어류와 양서류 화석의 시기를 알면 중간 단계에 해당하는 생물이 언제 출현했는지 가늠할 수 있습니다. 그 시기에 해당하는 데본기 지질층을 파 보는 거예요. 이 지질층이 캐나다의 북극 근처 섬에 있어서 과학자들이 고생하며 탐사한 결과 어류와 양서류 중간에 해당하는 화석이 정말 나왔어요. 바로 틱타알릭(Tiktaalik)이라는 화석이죠. 뼈 모양을 보고 이 생물이 앞을 볼 수 있는 두 눈이 있고 일종의 팔굽혀펴기를 하고 고개를 양쪽으로 돌릴 수 있는 구조라는 것을 알아냈어요. 초기 양서류의 다리처럼 움직일 수 있는 구조라든지 어류보다 목이 발달되어 있는 것처럼 어류와 양서류 중간 단계의 특징을 발견할 수 있습니다.

이재성 틱타알릭은 왜 땅으로 기어 올라왔을까요?

장수철 물속에서 살다가 특정 집단이 우연히 물가로 갔는데, 물속에 있을 때보다 육상에서 먹이를 얻거나 포식자의 위협을 벗어나는 데 더 유리했기 때문일 거예요. 요즘에도 이런 종류의 어류를 발견했다는 보고가 꽤 있어요. 말뚝망둥어처럼.

이재성 고래는 왜 다시 물로 들어갔을까?

장수철 육지에서 밀렸나 보지. 아마도 지금의 하마와 같은 단계를 거쳤을 거라는 생각도 들어요. 물에 서식하는 게 생존과 번식에 유리했던 조상이 있었을 거예요.

진화의 증거 2-종 분포의 지리적 양상

장수철 그림 2-3은 오스트레일리아에 사는 동물과 다른 데 사는 동물을 비교한 거예요. 다른 지역에는 개미핥기와 늑대가 있는데, 오스트레일리아에는 주머니개미핥기와 태즈메이니아늑대가 있어요. 오스트레일리아에서만 볼 수 있죠. 마다가스카르섬에서만 여우원숭이 종류들이 발견되는 것처럼요. 캥거루처럼 주머니를 가지고 있는 동물을 유대류라고 합니다. 완전히 어미 몸속에서 만들어져서 바깥으로 나오는 게 아니라 미완

오스트레일리아의 유대류

슈가글라이더 주머니개미핥기 태즈메이니아주머니늑대

유태반류 대응 동물

날다람쥐 큰개미핥기 회색늑대

그림 2-3 유대류와 유태반류 대응 동물 유대류의 새끼는 발육이 불완전한 상태로 태어나 어미의 배 속에서 일정 기간 자란다. 이와 달리 유태반류는 어미의 자궁 속에서 태반을 통해 충분한 영양분을 공급받고 태어난다. 포유류 대부분은 유태반류에 속한다.

성된 상태로 나와서 어미가 주머니에 넣고 더 키워야 하는 동물이에요. 인간처럼 완전히 만들어서 바깥으로 내보내는 동물은 태반을 가지고 있는 종이라고 해서 유태반류라고 해요. 대부분의 포유류는 유태반류에 속해요.

남아메리카에도 유대류가 있었는데 지금은 주머니쥐 종류 정도만 남아 있어요. 남아메리카는 아프리카, 남극, 인도, 오스트레일리아와 함께 약 3억 년 전부터 1억 년 전까지 존재했던 곤드와나(Gondwana) 대륙의 일부였어요. 여기서 하나둘 떨어져 나간 거예요. 남아메리카와 오스트레일리아에는 유대류가 있었어요. 아시아, 유럽, 북아메리카가 붙어 있던 대륙, 즉 로라시아(Laurasia) 대륙에서 하나가 떨어져 나오면서 북아메리카 대륙이 되고, 곤드와나 대륙에서 남아메리카 대륙이 떨어져 나와 현재 지구의 모습처럼 되었죠. 지금의 지구는 북아메리카와 남아메리카 대륙이 연결되어 있잖아요. 그래서 위쪽에 있는 유태반류가 왔다 갔다 하기 시작하면서 남아메리카에서 유태반류와 유대류가 경쟁했던 것 같아요. 유대류가 유태반류와의 경쟁에서 밀려났다는 의미겠죠. 다른 설명도 있어요. 오스트레일리아에서는 유대류가 성공적으로 다양해졌지만, 남아메리카에서는 그런 일이 벌어지지 않았다는 거예요. 그렇게 생각하는 이유는 오스트레일리아에는 많은 종류의 유대류 화석이 다수 발견될 뿐 아니라 다양한 유대류가 엄청나게 많이 남아 있어요. 섬처럼 고립된 독특한 환경 덕분이죠. 이런 환경이 아니었다면 유대류가 이렇게 다양하게 번성하지 못했을 겁니다. 지리적인 차이 때문에 진화의 양상이 바뀐 거예요. 생물지리학의 대표적인 사례라고 할 만하죠.

이재성 갈라파고스의 핀치 새인가? 그건 어때요?

장수철 아주 좋은 예예요. 생물의 지리적 분포에 따른 진화의 증거는 섬에서 아주 잘 볼 수 있어요. 섬은 크게 대륙섬과 대양섬으로 나눌 수 있습니다. 대륙섬은 원래 대륙의 일부였다가 떨어져 나와 생긴 섬이에요. 오스트레일리아는 물론 유럽 대륙에서 떨어져 나온 영국, 아시아 대륙에서 분리된 일본 등을 대륙섬이라 할 수 있죠. 이들 섬에서의 생물종은 섬들이 유래한 대륙과 비슷해요. 예를 들어 영국의 종 분포는 유럽 대륙과 상당히 비슷합니다.

하와이, 갈라파고스와 같은 대양섬은 바다 한가운데서 지각 활동에 의해 생긴 섬입니다. 이 섬에서의 생물종은 대륙과는 다른 독특한 특징을 떱니다. 양서류, 파충류, 육상 포유류 들을 발견하기 어려워요. 사람들이 운반하기 전에 하와이에는 뱀과 쥐 등이 없었습니다. 그러면 어떤 생물들이 있었을까요? 식물, 조류, 곤충 등이에요. 연상되는 공통점? 예. 모두 공기 중으로 이동이 가능한 종류이죠. 게다가 육지와 가까울수록 섬에 서식하는 생물종은 육지의 종과 분포가 비슷합니다. 섬이라고 하는 독특한 환경에 따라 생물들이 '창조'되었다는 주장은 설득력을 잃게 되죠. 더구나, 사람들이 섬으로 운반한 파충류와 포유류는 아주 잘 번성합니다. 그래서 섬은 생물의 이주와 적응의 결과, 즉 진화를 잘 나타내는 예라고 할 수 있어요. 다윈도 진화의 증거로 지리적 분포를 설명할 때 섬의 예를 즐겨 인용했습니다.

진화의 증거 3 — 공통의 진화 기원

장수철 동물은 정자와 난자가 수정해서 완전한 개체로 탄생하기까지 발생 과정을 거칩니다. 그런데 발생 과정에서 상어, 거북, 닭, 인간 등은 공통의 특징이 나타나요. 인두낭(咽頭囊, pharyngeal bursa) 구조와 꼬리가 되는 구조입니다. 인두낭은 어류의 아가미가 되는 구조예요. 그런데 인간은 아가미가 필요 없잖아요? 하지만 인두낭이 생겼다가 없어져요. 어떤 생물한테는 아가미가 필요하고 어떤 생물한테는 꼬리가 필요해요. 둘 다 생기기도 하고 둘 다 생기지 않기도 합니다. 인두낭이든 꼬리든 이런 구조가 공통의 기원 없이 각각의 생물 종에서 생겨났다면, 성체에서 필요로 하지 않는 구조물이 군이 발생 과정에서 나타날 이유가 없어요. 다시 말해 이 구조들을 가진 공통 조상으로부터 어류, 파충류, 조류, 포유류가 갈라져 나왔기 때문에 발생 과정에서 출현한다는 겁니다. 물론 많은 동물 종에서 발생이 진행되면서 없어지지만.

해부학 분야에서는 돌고래의 지느러미와 박쥐의 날개, 말의 앞다리 그리고 인간의 팔이 거의 같은 뼈 구조라고 파악합니다. 공통 조상으로부터 각각 변해 온 거죠. 이걸 상동 기관(homologous organ)이라고 합니다.

이재성 이전에 흔적 기관 이야기를 하셨던 것 같은데.

장수철 아, 그랬어요. 흔적 기관도 중요한 진화의 증거예요. 흔적 기관들은 많이 있는데 재미있는 예를 하나 볼까요? 흡혈박쥐는 피를 먹어요. 피는 액체죠. 씹을 필요가 없어요. 그런데 어금니가 있어요. 어금니가 있는 이유가 뭘까요? 흡혈박쥐의 조상은 피만 먹던 녀석들이 아니었다는 뜻이죠. 침팬지는 화가 나거나 상대를 위협할 때 털을 곤두세우죠. 우리에게 남아 있는 흔적이 소름이에요. 인간은 보통 추위나 무서움을 느낄 때 소름이 돋잖아요. 공통 조상에서 갈라져 나와 다른 이유로 털을 세우는 거죠. 어두운 동굴에서 서식하기 때문에 눈이 필요 없는 물고기에 눈두덩이 구조가 있는 것도 마찬가지 이유예요. 뱀에 남아있는 다리뼈 흔적도 그렇고.

이재성 드라큘라에 영감을 준 흡혈박쥐!

장수철 조금 다른 각도로 생각해 볼 만한 사례들도 있어요. 곤충, 새, 박쥐의 날개는 공기 역학과 비행에 유리하다는 공통의 특징을 가지고 있죠. 하지만 구조의 기원은 매우 다릅니다. 곤충의 날개는 피부가, 새의 날개는 앞다리가 그리고 박쥐는 앞발이 변한 것이에요. 서로 다른 조상에서 진화해 현재의 생김새나 기능이 비슷한 구조를 상사 기관(analogous organ)이라고 합니다. 이렇게 발생 기원이 다르지만 환경에 적응해 가면서 그 기능이나 모양이 비슷해지는 것을 수렴 진화(convergent evolution)라고 해요.

아주 명쾌한 진화론 수업

진화의 증거 4 ─ 공통 유전자 서열

장수철 인간과 침팬지의 염기 서열을 비교해 보면 1.6퍼센트 차이가 나요. 유전자 비율을 보면 그 차이가 더 커지긴 하지만 인간과 침팬지는 아주 가깝습니다. 단백질 구조를 비교하기도 하는데, 예를 들어 헤모글로빈으로 얼마나 서로 가깝고 먼지 비교하기도 해요. 인간과 붉은털원숭이는 헤모글로빈을 구성하는 아미노산이 여덟 개가 차이 나고, 인간과 개는 32개, 인간과 새는 45개, 어류 중에도 인간과 상당히 먼 관계에 있는 칠성장어는 125개나 차이가 납니다. 전체 아미노산 개수는 146개로 같지만 그 안에 들어 있는 아미노산 구성의 차이를 따져서 멀고 가까운 정도를 보는 거예요. 두세 개 다르면 그만큼 가까운 관계고 수십 개가 다르면 먼 사이죠. 차이가 작다면 가까운 과거에 공통 조상으로부터 갈라졌다는 겁니다. 차이가 크면 그만큼 아주 오래된 과거에 공통 조상에서 갈라졌다는 이야기고요.

이재성 헤모글로빈으로 비교하는 이유가 있나요?

장수철 척추를 가진 동물은 헤모글로빈이 있기 때문에.

이재성 공통적으로 가지고 있는 건 헤모글로빈밖에 없어요? 다른 건 없어요?

장수철 많아요. 다만 결과를 관찰하기 좋은 예로 하나 고른 거예요. 척추동물의 헤모글로빈은 생물종이 달라도 구조가 비슷하거든요.

이재성 다른 것으로도 비교하면 차이가 똑같이 나와요?

장수철 조금씩 다른데…….

이재성 아아, 조금씩 다른데 가까울수록 경향적으로 같다는 거구나.

장수철 네. 특히 여기선 아미노산의 종류 가지고 비교했는데, DNA의 염기 서열을 비교해도 비슷하게 나옵니다. 사실 요즘 DNA 염기 서열 비교 분석이 대세예요. 모든 생물의 가까운 정도를 DNA 비교로 파악하고 있어요. 진화사 작성에 혁혁한 공을 세우고 있는 것이 DNA라고 할 수 있습니다.

진화의 증거 5−다세대에 걸친 실험과 관찰

장수철 마지막 증거는 앞에서 설명했어요. 초파리는 한 세대가 짧아서 실험을 통해 직접 진화 과정을 확인할 수 있어요. 수명 주기가 짧은 적절한 종을 선택해서 여러 세대에 걸쳐 실험을 진행하면 한 개체의 변화가 반복되어 후세대에 어떤 변화가 있는지 확인이 가능합니다. 즉 먹이를 풍부하게 먹을 수 없는 환경이 자연 선택을 일어나게 하고, 그 환경에서 살아남는 초파리들은 개체 차원이 아닌 그 집단의 구조적, 생리적 특징이 변하는 것을 관찰할 수 있어요. 앞에서 설명했듯이 60세대 이후의 초파리들은 1세대 초파리보다 굶주림에 더 오래 버틸 수 있고, 눈에 띄게 뚱뚱해졌죠. 앞서 말한 렌스키의 세균 실험도 잊으면 안 될 것 같아요. 시베리아의 한 연구소에서는 은여우 중 사람을 잘 따르는 개체들을 골라 교미시키는 실험을 반복해서 개와 비슷한 특징을 가진, 즉 가축화된 후손을 얻은 결과도 있고요. 옥수수의 기름 함량이 높은 개체끼리 수분시켜 70세대 이상 반복한 결과 기름 함량이 420퍼센트 증가한 보고도 있습니다.

오늘은 여기까지 하겠습니다.

아주 명쾌한 진화론 수업

수업이 끝난 뒤

장수철 진화는 오랜 세월 동안 변화가 축적되어 나타나는 건데…… 이걸 압축해서 설명하려니 무지하게 힘들구먼.

이재성 그냥 그러려니 하고 감당하셔야지, 어쩌겠슈. 그런데 선생님 심정 이 해 못 할 것도 아니야. 진화론은 사람들이 잘못 이해하는 것도 많고, 더구나 일상생활에서 무심코 사용하는 진화의 개념과 생물학에서 말하는 진화는 상당히 다른 것 같아. 사람들은 대개 어떤 것의 상태가 나아지거나 뭔가 업 그레이드될 때 진화한다고 표현하거든. 예컨대, 아이폰 최신 기종의 성능이 개선된 걸 가지고 '스마트폰, 그 진화의 끝은 어디인가?'라며 온갖 호들갑을 다 떨지.

장수철 그런 게 어디 한두 가지라야 말이지.

이재성 흔히들 원숭이가 인간의 직계 조상이라고 생각하는데 결코 그게 아니 다. 그러니까 원숭이가 제아무리 골백번의 20제곱만큼 죽었다 깨어난들 절 대로 인간이 될 수 없다는 그 이야기 하려는 거죠? 그런데 어떻게 보면 진화 와 퇴화는 동전의 양면처럼 상대적 개념이 아닐까 싶기도 해.

장수철 어떤 점에서?

이재성 뭔가 퇴화한다는 건 다른 것이 진화하기 때문에 벌어지는 현상 아닐 까? 다시 말해 진화의 반대급부가 퇴화라 이거야. 까마득한 과거의 어느 날, 인간도 아니고 그렇다고 원숭이도 아닌 어떤 녀석이 뒷다리로 온몸을 지탱 하면서 떡하니 직립 보행을 하기 시작했겠지. 이놈이 바로 호모 에렉투스잖 아. 그다음부터 이동 수단으로써 앞다리의 기능은 분명히 퇴화 과정을 겪었 을 거라고. 그러면서 손을 정교하게 써서 자꾸 뭔가를 만들어 내는 놈으로 진화해 갔을 테니까.

장수철 그럴 수 있지. 햇살이 비치면 그림자가 드리워지듯이, 어떤 작용이 있으면 당연히 그만큼의 반작용도 수반되는 거 아니겠어?

이재성 참!《종의 기원》도 여섯 번이나 개정판이 나왔다며? 그럼 찰스 다윈의 진화론도 차츰 진화해 갔다고 봐야 하나요?

장수철 개선되었다고 봐야 하나? 그냥 변했다고 봐야 하나? 더 나빠졌다고 보는 사람도 있고. 난 솔직히, 자연법칙을 벗어나는 분야에서는 진화라는 용어를 가급적 쓰지 말았으면 좋겠어. 진화 말고도 좋은 말 많잖아. 발달, 성장, 향상, 개선 같은…….

이재성 에이, 그거야말로 생물학자의 헛된 욕심일 것 같은데. 진화에 관한 허황된 생각의 불씨는 크게 번지기 전에 진화(鎭火)해 버리자고요. 그러고 보니 갑작스레 궁금해지네. 선생님은《종의 기원》을 완독하셨나?

장수철 밥이나 먹으러 갑시다.

버그? 변이의 발생!

: 진화의 시작

지난 시간에는 진화의 증거까지 이야기했어요. 다시 한 번 강조하지만 진화는 개체 차원에서 일어나는 게 아니에요. 전체 개체군에서 일정한 변화가 뒤따라야 합니다. 처음에 몇몇 개체가 변하는 것은 정상 궤도를 벗어난 일탈 또는 예외라고 여길 수 있지만, 변한 개체 수가 점점 늘어나 그것이 더 이상 예외적인 현상이 아니라면 진화가 일어났다고 할 수 있어요. 이런 진화는 유전자의 변화에서 비롯합니다. 대립 유전자 사이에 역학 관계가 달라져 점유율이 바뀔 때 일어나는 거에요.

하디-바인베르크 법칙

장수철 진화는 쉽게 말하면 유전자의 시장 점유율이 바뀌는 거예요. 점유율을 변화시키는 데는 네 가지 기작이 있어요. 돌연변이, 유전적 부동, 이주, 자연 선택입니다. 이런 네 가지가 작동하지 않으면 특정 집단 내 유전자의 시장 점유율이 바뀌지 않아요. 이 이유를 알아야 합니다. 그래서 우선 하디-바인베르크 법칙(Hardy-Weinberg's rule)을 이야기해야 해요.

이재성 기작이 뭐예요?

장수철 겉으로 드러나는 현상을 설명해 주는 내부의 본질적인 과정으로 메커니즘(mechanism)의 우리말이에요. 여기서는 진화의 과정과 진화를 일으키는 원인 또는 원동력도 포함돼요. 예를 들어 식물이 키가 하루에 얼

아주 명쾌한 진화론 수업

마씩 자란다, 일주일에 얼마씩 자란다 하는 것은 성장의 양상이고, 어떻게 해서 자라느냐, 세포가 커지는 것인지, 세포 수가 늘어나는 것인지 등의 과정을 밝혀낸 것을 기작이라고 합니다.

이재성 그럼 하디-바인베르크는요?

장수철 아 참. 하디-바인베르크는 한 사람이 아니에요. 고드프리 하디(Godfrey H. Hardy)와 빌헬름 바인베르크(Wilhelm Weinberg)가 각자 독자적으로 동일한 법칙을 발견했어요. 바인베르크를 영어식으로 읽어서 '하디-와인버그 법칙'이라고도 하죠.

하디-바인베르크 법칙은 개체군 내 대립 유전자의 출현 빈도의 변화 여부를 추적해요. 예를 들어 볼게요. Rh 혈액형 유전자의 경우 Rh^+ 유전자 또는 Rh^- 유전자, 두 가지 대립 유전자밖에 없잖아요. 여기 세 사람이 있어요. 두 사람은 Rh^+ 두 개이고 나머지 한 사람은 Rh^+ 하나, Rh^- 하나라고 해 보죠. 그래서 유전자 수는 한 사람당 두 개씩 모두 여섯 개예요. 그럴 때 우성인 Rh^+ 유전자가 출현하는 빈도를 편의상 p라고 하면 분모는 전체 유전자 수인 6, 분자는 Rh^+ 유전자 수인 5니까 p는 6분의 5가 되죠. 열성 유전자의 출현 빈도를 q라고 하면 q는 6분의 1이 되고요. 그럼 p+q는 1이에요.

이재성 Rh^-가 열성인가?

장수철 네. 말이 나온 김에. 우성과 열성에 대한 오해 하나를 살펴보죠. 우성의 발생 빈도가 항상 크지는 않아요. 손가락 수의 경우, 다지증(多指症, polydactyly)이 우성이에요. 그런데 손가락 다섯 개인 사람이 훨씬 많잖아요.

이재성 왜 다지증이 우성이에요?

장수철 손가락 길이 관련 유전자 두 개 중 다지증을 발현시키는 유전자가 하나만 있어도 손가락이나 발가락이 다섯 개보다 많아지게 되니까요. 알다시피 두 개의 유전자가 모두 있어야 발현되면 이 유전자는 열성입니다.

이재성 음. 그 유전자가 강력한 변인이구나. 오케이.

장수철 동일한 종의 개체들이 모인 집단을 개체군(population)이라고 합니다. 지난 수업까지는 '집단'이라고만 표현했어요. 예를 들어, 특정 구역에 함께 서식하는 다수의 인간은 하나의 호모 사피엔스 개체군이 되는 거예요. 아프리카 세렝게티에 사는 얼룩말들도 하나의 개체군이 될 수 있죠. 인간 개체군을 하나 가정해 봅시다. 수백, 수천, 혹은 수만 명을 대상으로 표본 조사를 해서 특정 대립 유전자의 빈도인 p와 q를 계산하는 거예요. 만약 Rh 혈액형 유전자 경우처럼 특정 유전자의 대립 유전자를 A와 a라고 한다면, A의 빈도를 p, a의 빈도는 q라고 하는 거죠. A와 a 이외의 다른 대립 유전자가 없으니까 이 개체군의 대립 유전자 전체의 빈도에 해당하는 p+q는 1입니다. 이 개체군에 속하는 개체는 A유전자나 a유전자 중 하나는 가지고 있을 테니까요.

이재성 음. 여기까지는 수월하네요.

장수철 그럼 다음으로 넘어가 볼게요. 여기서부터 이해하기 쉽지 않은데. 같은 개체군에 속하는 두 개체 사이에서 자손을 낳으면, 그 자손이 가질 수 있는 한 형질에 대한 모든 유전자형의 빈도는 부모가 되는 각 개체의 유전자 빈도의 곱과 같아요.

이재성 도대체 무슨 소리예요?

장수철 개체군 전체의 유전자 빈도가 p+q일 때, 이 비율은 암컷과 수컷 모두에게 해당하므로, 이 개체군에 속하는 부모가 가지는 유전자 빈도도 각각 p+q라 할 수 있어요. 그러니까 자손들의 유전자 빈도는 두 부모의 빈도 값의 곱인 (p+q)(p+q)가 됩니다.

부모 세대(1,000마리의 캥거루쥐로 구성된 개체군)

	어두운 갈색 캥거루쥐	점박이 캥거루쥐	밝은 갈색 캥거루쥐
유전자형	BB	Bb	bb
개체군 내 개체 수	16	222	762

대립 유전자 빈도

B $p=(2\times16+222)/2,000=0.127$
└ Bb 유전자형을 가지는 개체는 한 개의 B유전자를 가진다.
└ BB 유전자형을 가지는 개체는 두 개의 B유전자를 가진다.

b $q=(2\times762+222)/2,000=0.873$
└ Bb 유전자형을 가지는 개체는 한 개의 b유전자를 가진다.
└ bb 유전자형을 가지는 개체는 두 개의 b유전자를 가진다.

생식(부모 세대가 무작위적으로 교배한다고 가정한다)

B $p=0.127$ b $q=0.873$

	B $p=0.127$	b $q=0.873$
B $p=0.127$	$p^2=$ 0.016	$pq=$ 0.111
b $q=0.873$	$pq=$ 0.111	$q^2=$ 0.762

유전자 빈도

BB	$p^2=0.016$
Bb	$2pq=0.222$
bb	$q^2=0.762$

다음 세대(새로 태어난 캥거루쥐가 1,000마리라고 가정하면)

	어두운 갈색 캥거루쥐	점박이 캥거루쥐	밝은 갈색 캥거루쥐
유전자형	BB	Bb	bb
개체군 내 개체 수	16	222	762

그림 3-1 하디-바인베르크 법칙의 예

이재성 아, 부와 모 각각이 p+q 비율이라고요!

장수철 예. p+q는 1이니까 $(p+q)^2$의 값도 결국 1이 나와요. 그 결과 p^2은 A 유전자가 두 개인 자손, 2pq는 A 하나 a 하나, q^2은 a유전자 두 개를 가진 자손의 대립 유전자 빈도를 나타내죠.

　이해하기 쉽게 실제 사례를 알아보죠. 캥거루쥐의 털 색깔과 유전자의 상관관계를 살펴보니 이 형질에는 우성과 열성이 없어요. 색깔을 결정짓는 대립 유전자를 B와 b라고 했을 때, B유전자가 두 개 있으면 어두운 갈색, B와 b가 하나씩 있으면 점박이, b유전자가 두 개 있으면 밝은 갈색이에요. 그러니까 캥거루쥐의 털 색깔로 어떤 유전자를 가지고 있는지 알 수 있어요. 캥거루쥐 1,000마리 중 B유전자가 두 개인 어두운 갈색이 16마리, B와 b를 하나씩 가진 점박이는 222마리, b가 두 개인 밝은 갈색은 762마리예요. 이때 B유전자의 빈도를 p, b유전자의 빈도를 q라고 합시다. 캥거루쥐 털 색깔을 결정짓는 한 개체군의 전체 유전자 수는 1,000×2죠. 각 캥거루쥐가 두 개의 대립 유전자를 가지고 있으니까요. 그러면 p는 (2×16+222)/2,000이고, q는 (2×762+222)/2,000이에요. 계산해 보면 p는 0.127이고 q는 0.873입니다.

이재성 오케이, 오케이.

장수철 그다음에 이 개체군 내에서 교배가 자유롭게 일어나서 자손이 생기는 경우를 계산해 봤어요. 어두운 갈색 빈도인 p^2은 $(0.127)^2$, 즉 0.016 정도 돼요. 점박이인 2pq는 0.222 정도고요, 밝은 갈색 빈도인 q^2는 0.762 정도예요. 이 값을 이용해서 자손 세대에서 B유전자의 출현 빈도인 p를 구할 수가 있잖아요. 어떻게 구할 수 있죠? 아까 이야기한 것처럼 p^2의 경우에는 B가 두 개 있다는 뜻이죠. 2pq일 경우에는 B 하나 b 하나가 있다는 뜻이죠. q^2은 b가 두 개 있다는 뜻이고요. 따라서 B유전자의 빈도를 계

아주 명쾌한 진화론 수업

산하면, $P^2+2pq/2=0.016+0.222/2=0.127$이 됩니다. b유전자의 빈도는 $q^2+2pq/2=0.762+0.222/2=0.873$이 되고요. 그래서 숫자를 놓고 보면 어때요? 자손 세대인데 윗세대와 똑같이 p는 0.127, q는 0.873 정도예요. 정리하면, 하디-바인베르크 법칙은 '유전자 변화를 일으키는 외부 요인이 작용하지 않는 한, 개체군에서 부모 세대와 자손 세대 사이에 특정 대립 유전자의 빈도는 변하지 않는다.'는 이상적인 조건을 말해요. 이 경우에는 털 색깔을 나타내는 두 가지 대립 유전자죠.

이재성 저게 왜 중요해요?

장수철 이렇게 되면 생물학적 변화가 없다는 의미예요. 개체군 내에서 몇 세대를 지나도 털 색깔을 결정짓는 유전자 빈도의 변화가 없어요. 진화가 안 일어나는 거죠. 진화는 생물의 변화잖아요. 하디-바인베르크 법칙에서 평형이 지켜진다는 이야기는 개체군의 유전자 조성이 그대로 유지된다는 뜻이에요. 이 평형이 깨졌을 때 진화가 일어난다고 판단하는 겁니다. 진화의 기준이 되는 거죠. 그래서 중요해요. 좀 더 나가 볼게요.

하디-바인베르크 법칙의 성립 조건

장수철 자, 하디-바인베르크 법칙이 성립하는 조건, 즉 대립 유전자의 시장 점유율이 일정하게 유지되는 조건을 알아보겠습니다. 첫째, 교배가 무작위적으로 이루어져야 해요. 조금 전에 봤다시피 BB유전자를 가진 놈들끼리만 교배를 한다든지 BB는 bb하고만 교배하는 선택적인 게 아니어야 해요. 집단 내의 모든 개체가 서로 교배할 확률이 모두 같아야 합니다.

그림 3-2 고드프리 하디(왼쪽)와 빌헬름 바인베르크(오른쪽). 하디-바인베르크 법칙이 성립하려면 다섯 가지 조건을 모두 만족해야 한다.

둘째, 돌연변이가 일어나면 안 돼요. 왜? 그러면 p와 q의 수치, 즉 유전자 빈도가 바뀌니까. 돌연변이는 DNA 구조가 깨지거나 바뀌는 거예요. 특정 단백질을 만들던 유전자가 멍청이가 되는 셈이죠. 무엇이 돌연변이를 일으킬까요? 돌연변이 유발 물질을 돌연변이원(mutagen)이라고 하는데, 자외선이나 고에너지 입자처럼 정상적인 세포 분열과 DNA 복제 과정을 방해하는 물질이 다 돌연변이원입니다. 유용한 돌연변이도 있지만 대부분 해롭습니다.

이재성 그러면 방사능에 노출돼서 손상된 유전자가 계속 유전되면 진화가 일어나는 거예요?

장수철 그렇죠. 다만 방사능 때문에 정자나 난자의 DNA가 고장 났을 때 자손한테 전달되겠죠. 그게 오랜 기간 동안 여러 세대에 걸쳐 전달된다면 '유전자 조성의 변화'라는 측면에서 진화한 거죠. 진화가 뭐 좋은 뜻으로만 쓰이는 건 아니니까.

이재성 그럼 진화 과정을 보기는 어렵겠네요? 돌연변이가 한 세대를 만들고 나면 젊은 과학자가 꼬부랑 할아버지가 되겠구먼.

장수철 그러니까 지난 시간에 이야기했듯이 초파리나 세균으로 실험하면 돼요. 그놈들은 한 세대가 짧아서 우리가 사는 동안 관찰이 가능하니까. 그런 식으로 실험 많이 해요.

셋째, 유전적 부동(遺傳的 浮動, genetic drift)이 일어나지 않아야 해요.

영화에서 외국 배우들을 보면 갈라진 턱을 종종 발견할 수 있어요. 갈라진 턱은 우성이에요.

이재성 좋은 거예요?

장수철 에이, 좋고 나쁜 것으로 우성, 열성을 나누는 게 아니잖아요. 다 알면서 그런 질문을 해? 갈라진 턱을 결정짓는 유전자가 하나만 있어도 그렇게 된다는 거예요.

갈라진 턱은 우리 조상의 생존에 큰 영향을 준 형질이 아니라서 자연선택이 되지 않고 우연히 현재의 출현 빈도를 나타냈을 거예요. 다른 동물의 예를 살펴보죠.

예를 들어, 우연히 운석이 떨어져 개활지에서 주로 서식하는 밝은 갈색 캥거루쥐들이 거의 몰살했다고 해 봐요. 전체 1,000마리 중에서 약 40~50마리가 남았는데 그중 35마리가 어두운 갈색인 거예요. 우연한 요인에 의해서 p와 q의 비율이 완전히 깨진 거죠. 이처럼 전체에서 특정 개체의 상당수가 갑자기 없어지면 해당 개체군에서 p와 q의 비율이 이전과 완전히 달라지죠. 이를 유전적 부동이라 하고 이 경우에는 병목 효과(bottle neck effect)가 생긴 거죠. 우연한 요인 때문에 그런 일이 벌어져요.

이재성 그런데 부동이 무슨 뜻이에요?

장수철 한자로 뜰 부(浮), 움직일 동(動)이잖아요. 영어로는 drift. 둥둥 떠다닌다는 뜻이죠.

이재성 그럼 자연 선택과 유전적 부동은 둘 다 선택된 집단이 살아남는 것인데 왜 구분하는 거예요?

장수철 그런데 둘을 구분하는 이유가 뭐냐 하면요…….

이재성 아, 유전자 부동은 우연히 일어나는 일이어서?

장수철 네. 자연 선택이라는 건 어쨌든 적응이거든요. 그런데 유전적 부동은 전체 개체 중에 상당수가 없어지는 우연한 사건 때문에 벌어져요. 그리고 자연 선택은 점진적으로 일어나 오랜 기간 동안 적응 과정을 거치는 것이고, 유전적 부동은 아주 짧은 시간 내에 일어나고 생존과 발생에 유용한 특징이든 아니든 상관 없이 남게 되요. 유전적 부동은 크게 병목 효과와 창시자 효과로 나뉘어요. 먼저, 병목 효과라는 용어의 유래를 알수 있는 예를 들어볼게요. 어떤 병 안에 보라색 유전자, 노란색 유전자, 파란색 유전자, 주황색 유전자를 대표하는 구슬들이 그림 3-3의 왼쪽 상단과 같은 비율로 섞여 있다고 합시다. 이 중에서 일부를 병 밖으로 털어 낸다고 해 보죠. 그 결과 파란색이 일곱 개, 보라색과 노란색이 하나씩 남았다면 원래의 개체군과는 유전자 조성이 완전히 달라집니다. 여기서 중요한 건 병에 남아 있는 구슬들은 실제 환경에서는 살아남지 못하고 죽는 개체들을 나타낸다는 거예요. 병이 쓰러지는, 예컨대 거대한 운석이 떨어지는 것 같은 급격한 환경 변화 때문에 좁은 병목을 통과한 일부만 살아남아 새로운 유전적 조성이 만들어집니다. 그래서 병목 효과라고 하죠.

피부 이식 수술하기 전에 하는 게 있죠? 조직 적합성을 검사합니다. 다른 조직이나 세포가 내 몸에 들어오면 면역계가 외부 물질을 공격하기 때문이에요. 따라서 이식을 받으려면 나와 면역계가 맞는 조직을 찾아

아주 명쾌한 진화론 수업

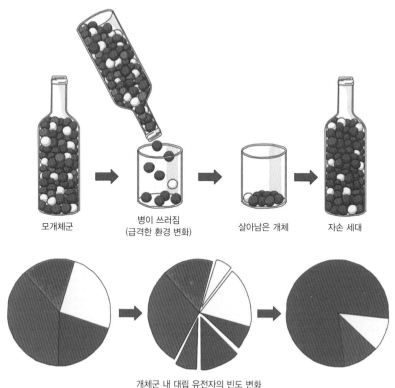

모개체군   병이 쓰러짐   살아남은 개체   자손 세대
(급격한 환경 변화)

개체군 내 대립 유전자의 빈도 변화

그림 3-3 유전적 부동: 병목 효과 병목 효과는 홍수나 화재처럼 예기치 못한 급격한 환경 변화 때문에 짧은 기간 동안 개체군의 크기가 급격히 감소할 때 발생한다. 병목 효과가 발생한 이후에는 대립 유전자의 빈도가 크게 변할 수 있는데, 이 과정에서 어떤 대립 유전자는 아예 사라지기도 한다.

야 하는데, 아무리 높게 잡아도 그 확률이 수천 명당 한 명꼴이에요. 수천 명 조직 검사를 하면 맞는 게 하나 정도 나옵니다. 그런데 치타는 아무 치타나 잡고서 이식을 시켜도 된대요. 그만큼 지금 남아 있는 치타들은 가까운 가족이라는 거예요. 현존하는 치타들의 유전자를 비교 조사해 봤더니 지금 남아 있는 치타는 모두 1만 년 전에 생존했던 십여 마리로부터 유래한 겁니다. 1만 년 전에는 꽤 많은 개체가 있었겠죠. 원인은 명확하게 밝혀지지 않았지만 다 죽고 십여 마리만 살아남았고 이놈들이 운 좋게도 계속 번식해서 현재까지 이어져 온 거예요.

다른 예를 살펴보죠. 영국의 어떤 마을에 살던 주민 열댓 명이 아메리카 대륙 인근의 트리스탄다쿠냐 섬으로 이주해서 그곳에 정착했어요. 자손 낳고 잘 살아가며 10세대 이상 이어 갔는데 중도 실명자가 자꾸 생기는 거예요. 만만치 않은 발생 비율이었죠.

이재성 중도 실명자가 뭐예요?

장수철 중간에 시력을 잃는 사람. 망막색소변성증(retinitis pigmentosa) 같은 질병에 걸리면 망막의 기능 손상 때문에 서서히 시력을 잃어 가요. 왜 그곳에만 그런 현상이 일어났을까요? 처음에 이주한 열댓 명 중에 한두 명이 중도 실명을 유발하는 유전자를 가지고 있었던 거예요. 만약 열댓 명이 아니라 1만 5000명 정도가 이주했다면 중도 실명자 한두 명 있어 봐야 발병률이 높지 않았겠죠. 그런데 소수의 인원이었기에 해당 유전자의 발생 빈도가 상대적으로 높아진 거예요. 이런 식으로 소규모 개체군이 이동해서 소규모 개체군만의 독특한 유전적 양상이 나타나면 원래 속해 있던 모개체군의 유전적 조성과 완전히 달라집니다. 이것을 창시자 효과(founder effect)라고 합니다.

창시자 효과는 아미시(Amish) 교도 정착촌에서도 볼 수 있습니다. 다지증이 많이 발병했거든요. 이들은 유럽에서 미국으로 건너온 이주민인데, 이때 다지증 유전자가 꽤 있었던 거예요. 다지증은 우성이에요. 부모의 다지증 유전자 중 하나라도 물려받으면 아이는 다지증으로 태어납니다. 만약 이 아미시 개체군이 원래의 모개체군과 계속 같이 살았으면 어땠을까요? 다지증 출현 빈도가 훨씬 떨어졌을 거예요. 그런데 다지증 비율이 높은 소수로 구성된 개체군이 이동해서 다른 곳에 정착함으로써 마치 창시자같이 새로운 유전적 조성이 만들어져 모개체군과 다른 특징을 보이는 것, 이 역시 창시자 효과의 사례 중 하나입니다. 적응과는 전혀 상관이 없습니다.

이재성 또 있나요?

장수철 그럼요. 넷째, 하디-바인베르크 법칙이 성립하려면 유전자 확산이 일어나지 않아야 합니다. 유전자 확산은 개체군들끼리 섞이는 걸 의미해요. 사람의 경우 대표적인 유전자 확산의 예는 미국에서 다양한 인종이 섞이는 겁니다. 오바마 전 대통령의 경우는 유럽인, 아프리카인, 아시아인의 유전자 확산 결과라고 볼 수 있죠. 다른 예를 들어볼게요. 캥거루쥐 1,000마리의 개체군과 조금 떨어진 지역에 캥거루쥐 2,000마리 개체군이 있고 두 개체군의 p와 q의 비율이 다르다고 해 봐요. 그런데 두 개체군 사이에 개체들이 오가면 p, q의 비율이 달라져 양쪽 개체군 내의 유전자 조성이 바뀌게 됩니다.

p와 q의 비율이 바뀌면 하디-바인베르크 법칙이 성립하지 않아요. 작위적인 교배, 돌연변이, 유전적 부동, 유전적 확산 그리고 앞으로 살펴볼 자연 선택이 일어나면 p와 q의 비율이 변합니다. 개체군 내에서 어떤 유전자의 비율이 변하면 이제 '진화가 일어난다.'고 이야기할 수 있죠.

정리해 보면, 하디-바인베르크 법칙에서 본, 변하지 않고 평형을 이루던 대립 유전자의 빈도인 p와 q에 변화가 생긴 것을 진화라고 합니다. 영화 〈엑스맨(X-men)〉을 보면 개별 돌연변이가 많이 나오잖아요. 돌연변이 유전자가 계속 전달돼 후대에서, 예를 들어 울버린이 전체 인구 중 대다수가 됐다고 하면 진화가 일어난 거예요. 진화 여부는 전체 개체군을 놓고 따지는 거예요. 진화에 대해서 사람들이 많이 혼동하는데, 개인이나 동물 개체가 진화할 수 있다? 아니에요. 진화는 개체가 아니라 개체군 차원에서 일어나는 겁니다. 진화는 오랜 기간 동안 일어나는 생물의 변화이고, 항상 유전자의 변화를 동반합니다. 그래서 대립 유전자 빈도가 중요한 요소라는 것! 개체군 내 대립 유전자의 점유율이 바뀌는 게 진화의 기본이라고 기억하면 됩니다.

다섯째, 자연 선택이 일어나지 않아야 합니다. 자연 선택은 좀 더 자세하게 살펴보겠습니다. 그런데 한 가지 짚고 넘어가야 할 것이 있어요. 지금까지 살펴본 유전적 부동이나 유전자 확산 등 우연적 요소에 의한 개체군 내의 유전자 조성 변화가 일어나면 생물에게 좋은 유전자든 나쁜 유전자든 상관없이 개체의 수는 늘거나 줄어듭니다. 그런데 자연 선택은 적어도 생물의 생존에 도움이 되지 못하면 개체와 함께 제거됩니다. 즉 도움이 되는 유전자만 남아서 늘게 되죠. 이런 부분에서 차이가 있다는 점을 말하고 싶었어요.

자연 선택에 의한 진화

장수철 자연 선택이 발생하지 않아야 하디-바인베르크 평형이 유지됩니다. 검은색 나방이 주변 환경, 이를테면 어두운색 나무 기둥과 구분이 잘 안 되면 포식자한테 잘 안 잡아먹히거든요. 그래서 밝은색 나방만 많이 잡아먹힌다면 어떻게 되겠어요? 밝은색을 발현시키는 유전자의 빈도가 확 떨어지죠. 그러면 p와 q의 균형이 깨져 하디-바인베르크 법칙이 성립하지 않습니다. 진화가 일어나는 거죠.

자연 선택이 일어나려면 세 가지 조건이 충족돼야 합니다. 첫째, 꾸준히 변이가 생겨야 해요. 다른 형질이 나타날 선택지가 있어야 하죠. 바로 그 변이 덕분에 생물의 다양성이 마련되는 거예요. 아주 옛날부터 생물이 다양하게 변화하는 과정에서 돌연변이 자체가 환경에 적응하는 여러 가지 방법을 제공했을 거예요.

둘째, 변이들은 유전력이 있어야 합니다. 자손에게 유전자를 물려주면서 선택된 형질이 전달되고 유지되어야 변화의 의미가 있겠죠.

셋째, 생식이 차등적으로 일어나야 해요. 인간을 제외한 대부분의 생물은 많이 태어나고 많이 죽습니다. 생물은 생존을 위해서 끊임없이 주변 환경과 투쟁합니다. 몇몇 생물은 환경 조건을 잘 이겨 내서 생존하고 자손을 만들 겁니다. 그 유전자가 성공적으로 후대에 전달되겠죠. 비리비리한 개체는 생존하기 어려울 테고, 그만큼 유전자를 전달할 기회가 다른 개체에 비해 적겠죠.

이 시점에서 '적자생존'을 살펴볼 필요가 있겠어요. 적자생존을 싸워서 가장 센 놈이 살아남는다는 뜻으로 오해하는 경우가 많은데, 다윈이 말한 적자생존은 환경에 잘 적응하는 특징을 가지고 있으면 살아남고 환경에 잘 적응하지 못하는 놈들은 죽는다는 뜻이에요. 적자생존은 환경 요인과 결부시켜서 생각해야 하죠. 적자생존은 생물과 자연환경이 상호작용하는 맥락에서 진화를 설명하려고 도입한 개념이지 동종 개체들 사이에 벌어지는 경쟁을 설명하려는 게 아니에요. 자기들끼리 싸우는 게 아닙니다. 동일한 종이나 구성원끼리 경쟁하거나 투쟁하는 것은 자연 선택의 일부예요. 그래서 사회 체제를 진화론의 적자생존 개념으로 설명하려고 할 때는 무척 신중해야 합니다.

요약하면, 자연 선택은 유전자와 자연환경 두 가지 측면으로 설명할 수 있습니다. 각각의 개체는 형질을 유전할 능력이 있지만, 그중에서 어떤 놈은 자손을 만들고 어떤 놈은 못 만들죠. 이 때문에 원래의 개체군과는 다른 유전적 조성이 생기는 거예요. 이것이 유전자 측면의 설명입니다. 자연환경 측면의 설명은 적응입니다. 빠르게 뛰는 토끼, 중간으로 뛰는 토끼, 느리게 뛰는 토끼가 있다고 해 보죠. 그 유전자를 자손들이 그대로 물려받는다면 조상 세대와 같은 속도로 달리는 개체군이 형성될 거예요. 그런데 포식자라는 자연환경 요인을 놓고 볼 때 결국 가장 많이 번식에 성공하는 것은 제일 빠르게 뛰는 개체가 되겠죠. 생식의 차등이 여기에서 일어나는 거예요.

이재성 그게 중요한 게 아니에요. 세 놈 다 자기 딴에는 열심히 뛰는데, 어차피 열심히 뛰는 건 소용없다는 거네.

장수철 포식자한테 잡아먹히지 않을 만큼 뛰는 게 중요해요. 진화생물학자들 사이에서 가끔 이런 농담을 하나 봐. 저 멀리서 곰이 쫓아오고 세 사람이 도망칠 준비를 하고 있어요. 가장 달리기가 빠른 한 명은 이미 저만치 달려가고 있고. 둘 중 한 명이 달리지는 않고 신발끈을 조여 매는 거야. 같이 있던 다른 사람이 "왜 그래. 빨리 도망 안 가?" 그랬더니 "이렇게 단단히 끈을 조여야 너보다 빨리 뛰지. 안 먹히기만 하면 되잖아." 하는 거예요. 그러니까 가장 빠른 놈만 살아남는 게 아니라 가장 빠르지는 않더라도 잡아먹히지 않을 만큼 빠른 놈들 역시 살아남아요. 이 경우 남들보다 자연환경에 잘 적응한다는 것은 포식자를 잘 피한다는 뜻이에요. 살아남으면 결과적으로 새끼를 훨씬 더 잘 낳고 그 숫자가 더 많아지겠지. 그래서 일단 자연이 제공한 환경을 견딜 수 있느냐 없느냐가 중요해요. 그런 다음에 자손을 많이 낳느냐 안 낳느냐의 문제는 연관될 수 있죠.

이재성 뛰는 속도가 느리지만 털 색깔이 주위 사물과 비슷해서 살아남기도

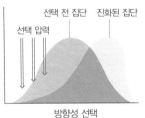 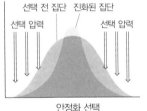 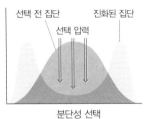

그림 3-4 자연 선택의 종류 자연 선택은 세 가지 기본 유형이 있다.

하겠죠.

장수철 그럴 수도 있죠. 뛰는 속도는 둘 다 비슷해. 그런데 한 놈은 조심성이 아주 많고 다른 한 놈은 겁이 없어요. 어떤 유전자가 살아남을까?

이재성 하룻강아지.

장수철 그럴까? 겁이 없는 놈은 뭣도 모르고 늑대랑 맞짱 뜨는 거야. 그러면 그놈의 유전자는 없어지겠죠. 조심스러운 놈은 살아남아 유전자를 이어 갈 테고. 그래서 토끼가 주변 환경에 굉장히 민감하잖아요.

자연 선택의 결과는 방향성 선택, 안정화 선택, 분단성 선택, 이렇게 셋으로 나눠서 살펴볼 수 있습니다.

대개 한쪽으로 치우친 선택이 일어나게 되면 방향성 선택(directional selection)이에요. 그림 3-4의 첫 번째 그래프는 칠면조의 가슴 근육 크기 정규분포 그래프입니다. 가슴이 큰 놈도 있고 작은 놈도 있겠죠. 그런데 미국 사람들이 칠면조 고기를 좋아하니까 큰 놈들끼리만 교배를 시켰대요. 지금은 칠면조의 가슴 근육의 평균 크기가 정규분포에서 오른쪽으로 치우쳤죠. 이것을 방향성 선택이라고 해요. 한쪽 방향으로 선택됐다는 것. 그러다 보니 이제는 칠면조가 하도 가슴 근육이 많아서 짝짓기 자체가 안 된대요. 그래서 인공 교배를 시킨다는군요. '하룻강아지' 토끼가 제거되고 조심성이 큰 토끼가 살아남는 것도 여기에 해당하죠.

안정화 선택(stabilizing selection)은 정규분포 그래프에서 양쪽에 있는 것들이 선택되지 않는 걸 말해요. 새들마다 날개의 길이가 다르지만 자기 몸에 적당한 사이즈예요. 너무 길면 바람의 저항이 커서 비행이 어려울 테고 너무 짧으면 뜨지도 못하겠죠. 그래서 각각의 몸 크기나 모양에 맞는 적절한 날개 길이가 선택이 됐겠죠. 마찬가지로 신생아가 3.2킬로그램이면 아이의 건강도 괜찮고 산모의 골반을 무난하게 통과할 수가 있죠. 그보다 크면 산모가 위험해지고 그보다 작으면 태아의 건강에 문제가 생길 가능성이 큽니다. 이런 것들을 안정화 선택이라고 합니다. 요즘은 제왕절개술이 발달해서 신생아의 평균 몸무게 3.2킬로그램의 수치가 변할 수도 있다고 하더라고요.

분단성 선택(disruptive selection)은 분포 곡선상의 가운데 부분이 선택이 안 되는 거예요. 가운데에 해당하는 놈들이 애매하거든요. 은연어는 수컷의 크기가 클수록 자손을 잘 번식시킵니다. 덩치가 큰 수컷들은 중간 크기의 은연어 수컷들과 싸워서 다 쫓아냅니다. 짝짓기를 못 하게 하는 거죠. 그런데 이 왕초 수컷이 크기가 작은 수컷들은 아예 경쟁 상대로 여기지 않는지 아니면 수컷이 아니라고 생각하는지, 그냥 놔둬요. 그래서 암컷이 산란하고 덩치 큰 놈이 정액을 뿌릴 때 작은 수컷들도 잽싸게 끼어드는 거죠. 결국 수컷 은연어는 덩치가 크거나 작은 것들이 살아남아요. 중간 크기가 없어요. 이렇게 양 극단으로 분포를 이룬다고 해서 분단성 선택이라고 합니다.

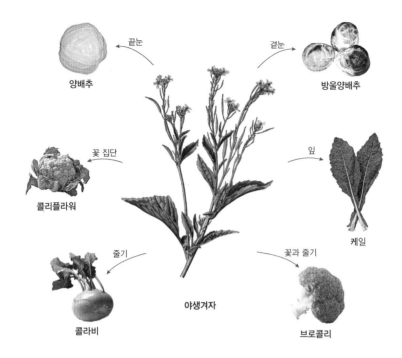

그림 3-5 야생겨자의 인공 선택 인공 선택은 특정 개체끼리 인위적으로 교배시키는 것을 말한다. 야생겨자는 인간의 이해에 따라 품종 개량이 이루어졌다.

인공 선택

장수철 자연 선택을 이야기하면서 인공 선택(artificial selection)을 빠뜨리면 안 되죠. 비둘기를 관찰한 찰스 다윈도 그랬지만 과학자들은 자연 선택을 연구할 때, 인공 선택에서 굉장히 많은 정보를 얻었어요. 왜냐하면 생물의 변화를 관찰할 수 있기 때문이에요. 콜리플라워 아세요? 야생겨자인데 꽃이 큰 개체들만 집중적으로 교배시켜요. 야생겨자를 꽃과 줄기만집중적으로 키워서 만든 게 브로콜리예요. 요새는 콜라비나 케일도 많이 먹던데.

이재성 케일은 먹어요.

장수철 쌈으로 많이들 먹더라고.

이재성 전 즙을 짜서 먹어요. 건강에 좋아서.

장수철 야생겨자의 곁눈을 집중적으로 교배시킨 게 방울양배추, 끝눈을 집중적으로 교배시킨 게 그냥 양배추예요. 우리 인간이 야생겨자에서 어떤 걸 집중적으로 계속 선택했느냐에 따라서 여러 종류의 식물이 생긴 거예요.

이재성 그럼 쟤네들이 다 야생겨자에서 나온 거예요? 양배추도?

장수철 네. 사람이 인위적으로 품종 개량을 한 거예요. 다른 예도 있어요. 살충제를 뿌리면 해충이 다 죽어야 되는데 언제나 일부는 살아남죠? 살충제에 내성이 있는 놈들이 항상 있어요. 다양한 변이가 있으니까. 첫해에는 99퍼센트가 죽었는데 그다음엔 70퍼센트밖에 안 죽네? 결국 몇 해지나면 거의 안 죽어요. 결국 살충제라는 선택 압력에 견디는 놈들이 번식에 성공하는 거죠. 일종의 인공 선택이라고 볼 수 있어요.

메티실린(Methicillin) 내성 황색포도상구균도 마찬가지죠. 'MRSA(Methicillin Resistant Staphylococcus Aureus)'라고 하는데, 이 세균 자체는 그다지 해롭지 않아요. 이놈들은 메티실린 저항성 유전자를 우연히 가지고 있었는데, 이 유전자가 사람에게 치명적인 해를 끼치는 세균한테 전해질 수 있어서 무서운 거예요. 병원에 입원한 환자의 세균 감염이 우려되는 상황이면 항생제를 많이 투여하거든요. 일정한 시간이 지나면 메티실린을 쓰기 시작해요. 계속 혈액 검사를 하면서 MRSA가 생기는지 안 생기는지 체크합니다. MRSA가 생기면 격리 수용하고, 그다음 단계는 가장 강력한 항생제인 반코마이신(vancomycin)을 씁니다. 최근에는 토양 세균

아주 명쾌한 진화론 수업

에서 얻은 테익소박틴(Teixobactin)을 상품화하고 있어요. 항생제라는 선택 압력에 저항성이 있는 세균은 살아남고 그렇지 않으면 살아남지 못해요. 일종의 인공 선택이라고 볼 수 있죠.

다윈과 연락을 주고받던 비둘기 사육사들은 비둘기의 색깔, 모양, 크기 등에 대한 선호에 따라 계속 품종 개량을 했답니다. 개도 마찬가지였어요. 주머니에 넣고 싶을 정도로 작은 개가 있었으면 좋겠다 해서 만들어진 품종이 치와와예요. 작은 놈끼리 계속 인위적으로 교배시킨 거죠. 개의 경우 인위적 교배 결과, 150가지 이상의 품종이 생긴 것으로 알려져 있어요. 이렇게 관찰이 가능한 인공 선택의 예는 많아요. 다윈은 당연히 자연 선택을 추론하고 설명하는 데에 인공 선택을 십분 활용했습니다.

성 선택

장수철 왜, 남자들끼리 많이 싸우잖아요. 평균적으로 보면 여성들끼리의 다툼보다 많을 거예요.

이재성 남녀 비교를 하는 거 보니 '성'과 관련이 있나 보다.

장수철 네, 맞아요. '성 선택(sexual selection)' 이야기를 할 거예요. 암수에 대한 정의를 살펴보겠지만, 수컷의 특징은 대부분의 경우 암컷을 차지하여 자손을 퍼뜨리기 위해 동성끼리 경쟁을 합니다. 큰 뿔을 가진 사슴끼리 뿔싸움을 하고, 기린이 목을 휘둘러 다른 수컷을 공격하고, 기다리는 암컷을 옆에 두고 수컷 파리 등이 치열하게 싸우는 등, 예는 무진장할 거예요. 심지어 초파리는 교미 때 화학 물질을 주입하여 교미 대상인 암컷이 교미를 싫어하도록 하거나 실잠자리의 경우처럼 이미 다른 수컷과 교미한 암컷과 교미할 때, 암컷의 몸에 남아 있는 정자를 긁어내기도 해요. 이처럼 동성, 특히 수컷끼리의 경쟁이 성 선택의 커다란 특징입니다. 이성 간의 선택, 주로 암컷이 수컷을 선택하는 것이 성 선택의 두 번째 특징이고요. 다윈은 성 선택에서도 선구자였어요.

이재성 다윈은 정말 진화론의 거두인가봐요.

장수철 다윈은 자연 선택을 설명하면서 어떤 형질을 가진 개체가 유독 생식에 더 성공하는 이유로 성 선택을 이야기하고 싶어 했습니다. 계속 강조하건대 자연에서 자손을 낳는 건 중요해요. 자손을 낳는 만큼 유전자를 많이 퍼뜨릴 수 있고, 그만큼 유전적 조성에 변화가 일어나기 때문이죠. 수컷이 멋있으면 많은 암컷이 접근합니다. 그러면 수컷의 번식 가능성이 높아지죠. 록 스타들 중에는 기타리스트보다 보컬이 더 인기가 많다고 그러대. 마룬파이브(Maroon 5)의 보컬 이름이 뭐더라?

이재성 애덤 리바인(Adam Levine).

장수철 그런가? 롤링스톤스(The Rolling Stones)의 믹 재거(Mick Jagger)가 그렇게 여성 편력이 심하거든. 애덤 리바인도 마찬가지야. 그 사람도 그렇게 살아요. 노래를 잘 부르면 섹시하고 뭇 여성으로부터 선택을 많이 받는 거예요. 그래서 마음만 먹으면 숱한 여성과 만날 수 있고, 번식에 성공해서 유전자를 남길 확률도 더 높겠죠. 대개 음악 하는 사람들이 자녀가 꽤 많아. 아이들 엄마는 다 다르고.

여러 여성에게 인기 있는 남성이 있는 것처럼 동물에서도 재미있는 현상이 관찰되었어요. 거피(guppy)라는 작은 물고기 암컷은 화려한 무늬와 건강한 색깔을 가진 수컷을 선호해서 쫓아다녀요. 그런데 과학자들이 모조 암컷을 만들어 무늬와 색깔이 그저 그런 수컷을 따라다니게 하면 그 모습을 보고 많은 암컷이 그 수컷을 쫓아다니게 됩니다.

다윈을 괴롭혔던 공작을 살펴보죠. 수컷 공작은 깃털을 쫙 펼쳐서 눈 무늬를 보여 줍니다. 눈 무늬가 건강하게 잘 만들어졌느냐, 개수는 몇 개냐, 이게 암컷이 수컷을 선택하는 기준이에요.

이재성 그럼 몇 개인지 개수를 센단 말이야?

장수철 네. 일일이 세는 게 아니라 140개 이상이면 한눈에 알아본대. 160개 이상이면 암컷이 줄을 쫙 선대요. 다른 수컷은 140개를 간신히 넘기는데 눈 무늬가 160개씩이나 있으면, 암컷 입장에서는 그 수컷의 유전자를 받아서 새끼를 낳으면 많은 암컷의 관심을 받게 될 것이어서 자기 유전자를 퍼뜨리는 데도 유리하다고 여기겠지.

이재성 그러니까 일등이 살아남기 쉬운 건 어쩔 수 없는 거네요. 토끼의 뛰는 속도도 그렇고, 공작 날개도 그렇고. 이런 내용을 사회 현상에 적용할 수 있을 것 같은데요?

장수철 음. 일등 하나만 살아남는 것이 아닌 예도 이야기한 것 같은데. 공작의 140개 눈 무늬에 대한 생각은 건강과 관련해서 논의되기도 해요. 건강한 수컷이 눈 무늬를 140개 이상 만들 수 있고 그 '건강함'이 암컷의 선택 기준이 된다는 거예요. 건강한 유전자를 자손에게 물려줄 수 있는 거죠. 마지막으로 '핸디캡' 가설도 있어요. 공작이 이 무늬를 간직한다는 것은 일종의 핸디캡이 될 정도로 부담이 된다는 거죠. 그 부담을 이겨낼 정도로 튼튼하니까 암컷이 선택한다는 주장이에요. 천인조 수컷이 긴 꼬리를 유지하는 것도 이 가설로 설명하곤 해요.

이재성 그럴듯하네요. 사람에 대한 건 없나요? 믹 재거랑 애덤 리바인 이야기도 했잖아요.

장수철 주로 인간에게 적용해서 연구하는 게 진화심리학이에요. 그런데 생물학은 실험을 많이 하는 반면, 진화심리학은 인간을 대상으로 하기 때문에 대개 실험을 못 하잖아요. 그러니까 실험도 못 하면서 떠드는 이야기라고 해서 일부 생물학자들은 진화심리학을 안 좋아하죠. 실험적 근거가 뚜렷하지 않으니까. 그렇지만 실험 외에도 연구할 만한 주제와 연구 방법이 많습니다.

성 선택을 살펴보면 암컷과 수컷의 전략 차이가 큽니다. 그 이유는 암컷과 수컷의 정의를 살펴보는 것부터 시작해서 알아볼 수 있죠. 크기가 커서 양분도 많고 움직이지 못하며 적은 수가 만들어지는 생식세포를 난자라고 합니다. 이 난자를 만드는 성이 암컷이에요. 수컷은 작고 기동성 있고 많은 생식세포인 정자를 생성합니다. 암컷은 커다란 난자 세포를 만들고 수정이 되면, 특히 포유류의 경우처럼 체내 수정 동물은 몸 안에서 계속 수정란을 키워야 하잖아요. 그러니까 암컷은 태어나기 전부터 새끼에게 투자하는 게 굉장히 많아요. 이 투자가 헛되지 않으려면 우월한 유전자를 가진 수컷을 골라야 합니다. 그게 결국은 암컷에게 유리하죠. 질 좋은 유전자도 대대로 이어질 확률이 높으니까요. 반면에 수컷은 양으로 승부를 보려는 경향이 있어요. 어차피 새끼를 낳는 것은 암컷의 몫이니까 정액만 뿌려 놓고 도망가도 돼요. 그래서 수컷은 여러 암컷을 건드리려고 하는 특성을 보이는 겁니다.

적합도

장수철 많은 생물학자들은 앞서 설명한 성 선택을 자연 선택의 일부분으로 간주합니다. 자연 선택이나 진화를 이야기할 때 가장 중요한 지표로 결국 얼마나 많은 자손을 남겼느냐를 보는데 이는 자기 유전자를 자손에게 얼마나 전달했느냐를 나타내죠. 그 척도가 적합도(fitness)예요. 적합도가 높다는 것은 자손을 많이 남겼다는 의미예요. 많은 일반생물학 교재에서 적응도라고 번역돼 있던데, 잘못된 거라고 생각해요. 이 개념을 아는 사람들은 적응도라는 말을 잘 쓰지 않습니다. 적응도라는 말로는 적응의 중요성만 부각시켜서 진화의 본질을 표현하지 못하는 것 같아요. 적합도가 높다는 것은 그만큼 생식 능력이 좋아서 유전자를 잘 전달했다는 뜻이에요. 잘 적응해서 생존에서 끝났다는 게 아니고. 적응을 잘해서 생존했는데 새끼를 못 낳으면 적합도가 0이에요. 적합도와 적응도는 완전히 다르게 해석될 수 있죠.

진화에서는 생식의 성공이 중요한데, 대부분 주어진 환경에 잘 적응하면 선택이 잘 되고 자손을 낳을 확률이 높아요. 따라서 적응을 잘하면 적합도가 높은 경우가 대부분이죠. 다만, 적응이 전부는 아니라는 겁니다. 초파리 두 마리 중에서 한 마리는 먹이 없이 장시간 생존할 수 있지만 번식력이 약하고, 다른 한 마리는 먹이가 없으면 오래 버티지 못하지만 번식력이 강하면 둘 중 어느 쪽이 적합도가 높을까요? 후자의 적합도가 높아요. 유전자를 전달하지 못하고 장기간 생존하기만 하는 녀석은 적합도가 0이에요.

적합도가 높다는 것은 그만큼 특정 대립 유전자를 자손한테 많이 전달했다는 뜻이에요. 시간이 지나 개체군 내에서 특정 대립 유전자의 점유율이 증가했다는 것이죠. 전에 언급했듯이 '개체군이 진화할 것인가?' 이 말은 '개체군 내에 특정 대립 유전자의 점유율이 변할 것인가?'라는 의미잖아요. 그래서 특정 대립 유전자의 점유율이 증가한다는 것은 적합도가 높다는 뜻이고, 적합도가 높아진 것은 진화가 일어났다고 할 수 있습니다. 그래서 적합도 개념이 중요해요.

적합도가 높다는 것은 특정 대립 유전자의 표현형(phenotype)이 생존에 더 도움이 된다는 의미잖아요. 따라서 각 개체의 적합도는 첫째, 모든 생명 현상이 그렇듯이 유전자와 이 유전자 때문에 겉으로 드러나는 특징으로 결정됩니다. 둘째, 어떤 환경에서 살고 있느냐에 따라 결정됩니다. 밝은색 들쥐와 어두운색 들쥐가 같이 있는데 주변 환경이 밝으면 포식자의 눈에 띌 확률이 줄어드니까 밝은색 들쥐가 살아남는 거죠. 반대로 주변 환경이 어두우면 어두운색 들쥐가 살아남고요. 셋째, 얼마나 많은 자손을 남기느냐입니다. 앞에서 언급한 것처럼 환경에서 잘 살아남았다 해도 자손을 못 낳으면 그 세대에서 끝이에요. 사실 이게 제일 중요합니다. 그래서 적자생존보다 적자번식이 진화를 더 잘 표현하는 말이에요. 대개 적응을 잘하면 그만큼 적합도가 높죠. 하지만 생식의 성공이 가장 중요하다는 걸 염두에 둬야 합니다.

적응에 관해서 잠깐 이야기해 볼게요.

적응

장수철 다양한 유전자를 지닌 여러 개체군이 있는데 주어진 환경에서 어떤 놈은 살고 어떤 놈은 못 살아가요. 자연 선택이 일어나는 겁니다. 선택된 유전자는 자손한테 전달돼요. 그러면 자손 세대에서도 그 환경에서 더 잘 살아가는 놈들이 있고, 변이가 계속 생겨날 테니까 또 선택이 일어나겠죠. 이렇게 수 세대 또는 수십 세대가 지나면 그 개체군은 살고 있는 환경에 잘 적응한 상태죠. 생물학에서 말하는 적응은 주어진 환경에서 적어도 수 세대 또는 수십, 수백 세대 동안 유전자 선택이 일어나 그 환

아주 명쾌한 진화론 수업

경에서 잘 생존할 수 있게 된 상태를 뜻합니다. 개체 또는 한 세대 차원에서 환경에 대처하는 게 아니에요. 일반 용어와 의미가 달라요.

이재성 유전자 변이가 없으면 적응이라고 할 수 없다는 말씀?

장수철 네. 물론 그 변이 중에 선택이 일어나야 하죠. 두 번째 수업 때 이야기했듯이 단순히 한 개체가 주어진 환경에서 잘 생존해 나가는 것은 순화라고 해요.

이재성 유전자 변이를 통해서 개체의 적합도가 높아져 적응이 되면 그다음부터는 적응하는 게 아니잖아요. 환경이 변해서 거기에 적응했어. 이 상태가 계속 이어져 가는 것도 적응이라고 할 수 있나요?

장수철 그러면 최적의 적응 상태가 유지되는 거지.

이재성 그때도 적응하고 있다. 이렇게 이야기할 수 있어요?

장수철 네. 유전자 차원의 변이가 전제되어야 한다는 의미예요. 예를 들어 어둠 속에서 먹이를 잘 찾는 박쥐는 그만큼 청각이 발달했을 거고, 청각 관련 유전자가 좀 더 많이 분포되어 있겠죠. 그 상태에서 계속 대를 이어가다 보면 청각을 기반으로 한 내비게이션 기능이 발달한 녀석들의 개체 수가 점점 늘어나는 거죠.

이재성 환경이 바뀌어 가면서 돌연변이가 계속 생겨요. 그런데 만약, 어느 시점에 환경 변화가 없으면 그 돌연변이들은 거기에 적응하지 못하고 죽겠네요? 그러다가 다시 환경이 변해요. 그런데 그 돌연변이에 적합한 환경 변화예요. 그러면 돌연변이들은 번식하고 기존에 잘 생존했던 애들은 죽겠네요? 그럼 진화가 되겠네요?

장수철 네. 맞아요. 그리고 돌연변이는 환경이 바뀌지 않아도 계속 생겨요.

이재성 오랜만에 계속 긍정적인 반응을 받았어.

장수철 선생님이 굉장히 잘 이해하고 있어요.

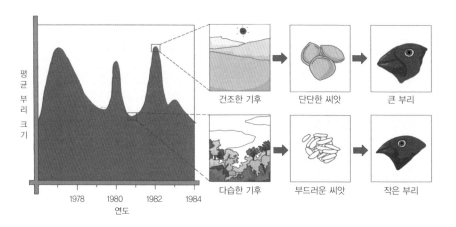

평균 부리 크기

건조한 기후 → 단단한 씨앗 → 큰 부리

다습한 기후 → 부드러운 씨앗 → 작은 부리

1978 1980 1982 1984
연도

그림 3-6 기후와 먹이에 따른 갈라파고스 핀치 새의 부리

이재성 난 정말 훌륭한 학생인가 봐. 막 졸면서 들었는데도 이해가 됐어.

장수철 이 적응 과정을 잘 살펴보면 알 수 있는데 완벽한 생명체나 개체군 같은 건 없어요. 환경이 변하지 않고 늘 똑같다면 갈라파고스 핀치 새의 부리는 크기가 큰 쪽이나 작은 쪽 둘 중에 어느 한쪽만 살아남았을지도 몰라요. 기후가 건조해지면 식물의 씨앗 중에 크고 딱딱한 것들이 많이 살아남죠. 그럴 때는 부리가 큰 녀석들이 크고 딱딱한 열매를 깨서 먹기에 유리하니까 이놈들의 개체 수가 늘어납니다. 그러다가 습한 기후에서는 씨앗도 작고 부드러워지니까 비용이 많이 드는 큰 부리가 꼭 필요한 건 아니죠. 이때는 부리가 작은 녀석들이 많아져요. 환경 변화에 따라 부리가 큰 놈과 작은 놈의 개체 수가 번갈아가며 늘어났다 줄었다 하는 거죠. 이처럼 환경은 늘 변해요. 기후 같은 무생물 조건만 변할까요? 포식자의 유무, 먹이의 많고 적음도 환경 변화죠. 수많은 요인의 환경 변화가 일어나기 때문에 생물 변화의 향방을 가늠하기는 쉽지 않아요.

아주 명쾌한 진화론 수업

이재성 그림 3-6을 보면 1년 단위인데, 1년 만에 그렇게 확확 바뀌나요? 그리고 부리가 두툼한 핀치 새와 얄팍한 핀치 새가 공존한다는 뜻이에요?

장수철 두 번째 질문에 먼저 대답하면, 공존해요. 기후에 맞는 형질을 가진 핀치 새의 개체 수가 많아질 뿐이지, 그렇지 않은 핀치 새가 완전히 사라지는 것은 아니에요. 그리고 건조한 해에서 다습한 해가 되어 부리 크기가 줄어드는 데 1977년부터 1979년까지 3년 정도 걸렸거든요. 이 3년이 핀치 새에게는 꽤 많은 세대에 해당돼요.

이재성 몇 세대라고요?

장수철 핀치 새는 한 세대가 굉장히 짧아요. 1~3년 정도로.

이재성 인간 중심으로 시간의 흐름을 보면 안 된다는 말이죠? 인간의 관점으로 본 1년이 핀치 새한테는 30년은 되겠네?

장수철 그럴 수 있죠. 20~50년 정도? 아까도 이야기했지만 생물은 자연 선택을 통해서 완벽해지는 게 아니에요. 환경이 변하면서, 계속 돌연변이가 발생해요. 새로운 대립 유전자가 생기죠.

복잡한 형질과 행동의 진화

장수철 마지막으로 복잡한 형질의 자연 선택에 대해 이야기할게요. 사람들이 태클을 많이 거는 부분이죠. 가끔씩 인간처럼 복잡한 특징을 지닌 생물을 어떻게 진화로 설명할 수 있느냐고 근거 없이 따지는 사람들이 있는데, 실험을 통해서 충분히 볼 수 있습니다.

생쥐를 미로에 놔두고 치즈 냄새를 풍기면 이 녀석이 길을 찾아가겠죠. 처음에는 실수를 많이 하는 놈과 적게 하는 놈 사이에 차이가 별로 없어요. 그런데 실수를 많이 하는 놈끼리 교배를 시켰더니 후대로 갈수록 후손 개체들이 실수하는 비율이 점점 더 커지고, 실수를 덜 하는 놈들끼리 교배를 시켰더니 갈수록 실수가 줄어들었어요. 먹이를 찾아 움직이는 행동은 간단하게 이루어지는 게 아니잖아요. 신경계, 근육계, 감각계 등 상당히 많은 것이 복합적으로 관여되어 있어요. 이 실험이 시사하는 바는 미로를 찾아가는 이런 복잡한 형질도 선택의 결과에 따라 크게 달라질 수 있다는 거예요. 복잡한 형질도 진화할 수 있다는 겁니다.

기능의 전환도 복잡한 형질의 진화를 설명하는 방법 중 하나입니다. 날개에 관해서 지금까지 밝혀진 내용을 정리하면 이렇습니다. 아주 오래전에 곤충에게 얇은 판 같은 덩어리가 있었어요. 이것이 곤충의 체열을 조절하는 기능을 했죠. 열 조절 기능이 쓸모가 있었는지 덩어리의 길이가 계속 늘어났는데, 어느 시점에 날개로 용도가 전환됐어요. 사람들은 날개의 진화가 불가능한 것처럼 이야기하지만, 날개뿐 아니라 다른 기관도 옛날의 구조와 기능이 새로운 구조와 기능으로 선택돼서 발달할 수 있습니다.

이재성 행동의 변화도 유전자 변이의 결과인가요?

장수철 그렇죠. 행동도 여러 가지 유전자가 만들어 내는 것 중 하나예요.

이재성 행동은 다른 사람한테 배우잖아요.

장수철 네. 행동을 배운다 하더라도 나타나는 특징들이 또 다 다르잖아요. 자신만의 행동 특징도 있고요.

이재성 도벽도 유전이에요?

장수철 유전적 요인과 환경적 요인이 같이 있을 거예요.

이재성 그러니까 유전적 요인이 있냐고요.

장수철 네. 있을 거라고 봐요.

이재성 누구를 왕따시키는 애들, 폭력적인 애들도 유전과 관계있나요?

장수철 네. 유전적인 요인이 있다고 봐요. 사이코패스도 유전일 수 있거든요. 자폐증도 그렇고요.

이재성 그런 논리라면 아돌프 히틀러(Adolf Hitler)처럼 나쁜 유전적 요인을 근절시키기 위해서 어느 종족을 말살시키는 게 말이 되는 거예요? 윤리적으로 말고요.

장수철 유전적 요인이 있다는 말의 의미를 헤아려야 하죠. 예를 들어, 암도 그렇듯이 선천적 요인과 후천적 요인을 같이 봐야 합니다. 폭력적인 유전 요인이 있다 해도 교육을 통해서 그게 발현되지 않게 만들 수 있어요. 예술 교육을 잘 시켜서 음악이나 미술 등으로 아름다움을 추구하게끔 키우면 폭력성이 발현되지 않거나 완화될 거예요. 저는 그게 맞다고 봐요. 개체가 어떤 환경에 노출돼서 유전자가 어떤 식으로 발현되느냐 그게 중요하지, 유전이나 환경 어느 하나만으로 설명하는 건 사안을 지나치게 단순화시키는 거예요. 항상 두 가지가 함께 작용하고 어느 쪽이 얼마만큼 더 크게 작용하는지는 그때그때마다 달라요. 현상의 본질을 파악하려면 항상 환경과 유전자를 같이 봐야 하고 그게 어떤 비율로 작용했는지를 잘 판단해야 할 거예요. 그 두 가지 요인은 언제나 같이 존재합니다.

이재성 인류 역사를 보면 진화론이나 유전학이 많이 이용되잖아요. 그런데 그럴 소지가 있는 거 같아요. 그냥 얼토당토않은 게 아니라 충분히 설명할 수 있는 요인들이 존재하는 것 같다는 생각이 들어요.

장수철 그래서 내가 자꾸 이런 식으로 강조하잖아요. 진화론을 진지하게 공부하는 생물학자들은 억울한 면이 있을 거예요. 객관적인 사실과 그 사실을 활용하는 것은 다르다. 이 점을 확실히 구분했으면 좋겠어요. 정말 절실해요.

이재성 남성과 여성을 다르게 대우해야 한다는 주장에 강력한 증거를 제공하는 것이 생물학이라는 의견이 있거든요. 남자는 여자보다 공격적인 성향이 더 많고, 남자는 근력이 뛰어난데 여자는 다른 게 뛰어나고……. 그래서 남녀차별 또는 여성이 열등하다는 주장이 요즘은 거의 사라졌는데도 그 신봉자들은 생물학을 근거로 들이댄다 이거예요. 사회 현상에 잘못 적용될 만한 빌미와 여지를 생물학이 제공할 수도 있다는 말이죠.

장수철 우리 인간이 발생하는 과정에서 몸이 만들어질 때 여성으로 만들어지는 게 기본이에요. 여기에 Y염색체가 활성화되면서 테스토스테론(testosterone)을 만들고 일련의 과정을 거쳐 여성으로 되어 가던 몸이 남성으로 전환되는 거예요. 이런 현상을 보면 여성이 인간의 기본형이라고 할 수도 있잖아요.

이재성 아예 오해를 방지할 수는 없나요? 잘못 전용되지 않게 하는 장치. A에서 사용한 어떤 개념을 B에서 사용할 때 특정한 부분에 초점을 맞춰서 강조하거나 과장하기도 하잖아요. 그렇게 못 하도록 하는 장치는 아무래도 생물학자가 마련해야 할 거 같은데?

장수철 생물학은 과학인데, 과학의 대상인 자연에 존재하는 객관적인 사실로부터 자연법칙이 아니라 도덕률을 이끌어 내려고 하는 것을 자연주의적 오류(naturalistic fallacy)라고 하거든요. 나는 여기서 이런 오류에 빠지지 않도록 조심해 달라고 이야기할 수밖에 없는 거 같아요. 생물학자가 연구한 것들을 밝히지 말라고 할 수는 없잖아요? 다른 사람들이 객관적 사실을 이상하게 적용하면 제발 그러지 말라고 호소하는 수밖에. 다른 방법도 생각해 봤는데 별 뾰족한 수가 없는 것 같네요.

아주 명쾌한 진화론 수업

수업이 끝난 뒤

이재성 "…… 내 혈관 속 DNA가 말해 줘. 내가 찾아 헤매던 너라는 걸."

장수철 뭘 그렇게 궁시렁대나? 노래야?

이재성 학생들한테 꼰대 소리 안 들으려면 이 정도는 알아 줘야지. 요즘 잘나가는 방탄소년단의 〈DNA〉 가사잖아. 가요뿐만 아니라, 가끔가다 드라마에도 DNA 관련 대사가 나올 때가 있어. 예컨대 이런 식이지. "네놈의 유전자에는 나쁜 피가 흐르고 있어. 범죄자의 DNA가 새겨져 있다고!"

장수철 또 무슨 실없는 소리를 하려고 그려서?

이재성 일단 들어 보기나 해요. 자, 이 대사에서 키워드는 유전자와 DNA야. 사실, 나는 다 그게 그거 같고 명확히 구분을 못 하겠어. 그렇지만 뭔가 가려서 써야 할 것 같은 생각이 들거든. 이런 식으로 마구 뒤섞어서 사용하면 안 되는 거 아니야?

장수철 오호, 그뤠잇! 기특한지고. 그동안 애쓴 보람이 있군그래.

이재성 그래도 이것저것 선생님에게 주워들은 풍월이 있어서 그런지, 생물학이나 진화론 관련 기사가 나오면 유심히 들여다보게 되더라고. 어쨌거나 유전자와 DNA는 어떻게 다르지?

장수철 생물의 기본 단위가 세포라는 건 알고 있겠지? 세포 중에서도 어떤 놈은 눈이 되고, 어떤 놈은 다리를 구성하고, 뇌를 이루는 놈, 어느 개체의 특징을 형성하는 놈도 있을 테고…… 이렇게 구조와 기능이 제각각이라고. 이 말은 그 구조와 기능을 저마다 다르게 해 주는 어떤 '요인'을 가지고 있다는 이야기가 되겠지. 그 요인이 몸의 부위 또는 개체의 특정 모양과 성질 따위를 결정하는 유전 정보야. 그런 유전 정보들을 일컬어 유전자라고 하지. 요 시점에서 질문! 이런 유전자는 어디에 있을까?

이재성 혹시…… DNA?

장수철 그렇지. 유전자가 들어 있는 곳이 바로 DNA야. 유전자를 담은 그릇이라고 할까. 가령, DNA를 컴퓨터 본체에 비유하면, 유전자는 그 안에 들어 있는 소프트웨어라고 할 수 있어. 즉, 하드디스크가 DNA라면, 그 안에 저장된 파일들이 유전자야. 요리책이 DNA라면 그 안의 레시피가 유전자인 것처럼. 물론 무기물과 유기체를 단순 비교하는 게 좀 그렇긴 하지만 선생님의 이해를 도우려고 빗대어 설명했어요.

이재성 그렇다면…… 좀 전의 드라마 대사는 이렇게 바꿔 줘야겠네. "네놈의 DNA에는 나쁜 유전자가 담겨 있어. 너 같은 놈은 영원히 이 세상과 격리시켜 주마. 자, 정의의 칼을 받아랏!"

장수철 거참, 이상하단 말이야.

이재성 뭐가요?

장수철 드립 치는 말 족족 나 들으라고 일부러 하는 소리 같으니…….

선택받은 돌연변이

: 유전자와 환경

지난 시간까지 진화의 메커니즘과 관련해서 자연 선택, 유효 개체군이 작아서 개체군 내의 대립 유전자 빈도가 임의로 변하는 유전적 부동 이야기를 했습니다. 이렇게 어떤 개체군 수준에서 유전적 조성이 바뀌는 것을 진화라고 했는데 정확히는 '소진화'라고 합니다. 그렇다면 당연히 이런 질문이 뒤따를 수밖에 없습니다. '유전적 조성이 바뀌는 요인에는 뭐가 있을까?' 다시 말해, 다양한 변이는 어떻게 해서 생기는 걸까요? 오늘은 그 이야기를 하겠습니다.

돌연변이: DNA 오류

장수철 돌연변이를 간단히 설명하면 DNA에 담긴 유전 정보가 변한 거예요. 몇 가지 종류로 나눌 수 있습니다. 가장 간단한 것부터 살펴볼게요. DNA 상의 A, T, G, C 순서가 쭉 있잖아요. 그게 유전자인데, 그중에 염기 하나가 바뀌는 게 있어요. 마치 점 하나가 바뀌는 것 같다고 해서 점 돌연변이(point mutation)라고 합니다. 유전자에서 단지 염기 하나만 바뀔 뿐이지만 해당 개체의 전모가 달라질 수도 있어요. 그림 4-1을 보면서 이야기하죠.

DNA의 이중 나선 구조를 보면, A와 T가 결합하고 G와 C가 결합되어 있습니다. 여기서 A가 고장 났다고 해 봐요. A 대신에 G가 들어가면 반대편에 C가 들어가잖아요. A 대신에 C가 들어가면 반대편에 G가 들

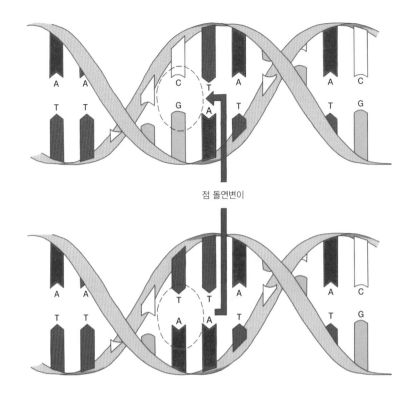

점 돌연변이

그림 4-1 점 돌연변이 하나의 뉴클레오타이드가 변환되어 나타나는 돌연변이를 점 돌연변이라고 한다. 겸상적혈구빈혈증 같은 질병은 유전자의 염기 하나가 바뀌어 비정상적인 헤모글로빈이 만들어지기 때문에 발생한다.

어가고. 이렇게 염기 하나가 변하는 것을 점 돌연변이라고 해요.

이재성 왜 변해요?

장수철 DNA가 복제되는 과정은 간단하지가 않아요. DNA는 이중 나선으로 되어 있죠. 일단 이중 나선이었던 것을 두 가닥으로 나눠야 하는데, 효소가 그 역할을 합니다. 두 가닥의 DNA가 갈라지면서 양쪽을 주형(template)으로 삼아 정보를 사본 DNA로 복제할 때도 효소가 붙습니다.

DNA가 두 가닥이었다가 한 가닥이 되면 움직임이 심하니까 그걸 잡아 주는 효소가 있고, DNA 복제를 시작할 때 필요한 RNA 조각을 붙여 주는 효소가 있어요. 이렇게 많은 종류의 효소가 한꺼번에 달라붙어 일어나는 게 DNA 복제 과정이에요. 상당히 복잡하고 정교한 메커니즘이죠.

여기서 생각해 봐야 할 게 있어요. 엄청나게 긴 DNA의 일부를 따와 그걸 둘로 나누어 수많은 단백질이 달라붙으면서 DNA 복제가 이루어져요. 아, 효소라는 게 원래 단백질로 이루어졌으니까요. 자, 그러면 여기서 실수가 일어날까요, 안 일어날까요?

일어납니다! DNA가 합성돼야 새로운 DNA 분자가 생기고 그게 자손한테 전달되는 거잖아요. 이 과정이 워낙 복잡하기 때문에 실수가 생길 수밖에 없어요. 물론 생명체의 작동 메커니즘에는 실수가 일어나면 그걸 고쳐 주는 시스템도 있어서 실수를 줄여 주기는 해요. 염기 1,000개당 하나 꼴로 잘못 연결되는 실수를 효소들이 다시 고쳐 주거든요. 아무리 그래도 실수를 완벽하게 없애지는 못해요. 실수의 비율을 10억분의 1로 줄여 줄 뿐이죠. 그러니까 인간의 경우에 A, T, G, C 이런 게 세포 하나당 60억 개가 들어 있을 거예요. 60억 개를 연결하고 결합하는 과정에서 10억분의 1의 확률로 실수가 일어난다고 생각하면 돼요. 복제가 100퍼센트 정확하게 일어나지 않는다는 거죠. 똑같은 기계 설비에 똑같은 원재료를 투입해서 만드는 공산품에도 불량품은 나오게 마련이니까요.

세포 분열을 생각해 봐요. 세포 분열은 똑같은 세포를 하나 더 만드는 거잖아요. 그런데 뭐가 똑같을까요? 유전 정보가 똑같은 거예요. 새로운 DNA를 만든다는 것은 바로 이런 과정을 통해서 만들어집니다.

이재성 그러니까 효소들이 DNA 이중 나선을 풀고 복제해 가면서 계속 유전자 세트를 만든다는 거죠? 갈라질 때는 선형이었다가 새로 만들어지면서 이

중 나선으로 바뀌는 거예요?

장수철 네. 정확히 이해했어요.

　그 실수에는 환경 요인도 크게 한몫합니다. 예를 들어 보죠. 원전 사고 때문에 일본 후쿠시마에 방사선이 유출되었는데, 어떤 사람이 그곳에 갔다가 방사선에 노출됐다고 해 봐요. 피해가 막심할 거예요. 피부뿐만 아니라 피부 안쪽에 있는 다른 세포도, 심지어 정소나 난소에 있는 세포까지 손상을 받습니다. 세포가 손상되는데 세포 안에 있는 DNA가 온전하겠어요? 평소와는 달리 뭔가 변이가 일어날 거예요. 피부나 다른 장기, 조직에 돌연변이가 생기는 건 자손한테 전달되지 않아요. 그런데 정자를 만들어 내는 정소, 난자를 만들어 내는 난소가 돌연변이 유발 물질에 노출되면 DNA에 돌연변이가 만들어져요. 그러면 이 돌연변이는 자손에게 전달이 될 수 있는 거죠.

　자외선이나 심지어 산소 때문에 돌연변이가 생길 수도 있어요. 산소는 워낙 산화력이 강해서 전자의 움직임에 영향을 많이 끼쳐요. 평소에 호흡을 하면 산소가 몸 안으로 들어가겠죠. 몸 안에 들어간 산소에 의해서도 DNA가 손상될 수 있어요. 만약 몸속에서 산소가 활성 산소로 바뀌면, DNA 손상이 상당히 크게 일어납니다. 그런데 앞에서 언급했듯이 생명체에는 이런 DNA 손상을 고쳐 주는 시스템이 있어요. 잘못된 건 잘라 내고 제대로 된 것들을 붙여 주죠. 여러 환경 요인 때문에 DNA가 손상되기도 하고, 자체적으로 복구되기도 한다는 이야기예요. 살아가는 동안 이 과정이 계속 반복되는 겁니다.

　자, 그럼 정리를 해 볼게요. 돌연변이가 생기는 원인을 두 가지로 설명했어요. 첫째, DNA 복제 과정이 워낙 복잡하기 때문에 그 과정에서 실수가 일어나 돌연변이가 생길 수 있다. 둘째, 환경적인 요인에 의해서도

네 번째 수업 선택받은 돌연변이　　　　　　　　　　　　　　　95

DNA는 얼마든지 손상될 수 있다. 그것을 고칠 수 있는 시스템이 내장되어 있기는 하지만 더 이상 복구하지 못하는 그런 상황에 노출될 수도 있겠죠. 그 결과 돌연변이가 생길 수 있다는 겁니다.

이재성 DNA 복제 과정에서 자체적으로 고장 나는 것과 환경 요인 때문에 고장 나는 걸 어떻게 구별해요?

장수철 실험을 통해서 검증해야죠. 환경 요인이 있을 때와 없을 때를 놓고 실험합니다. 여러 가지 환경 요인을 놓고 비교해서 실험해 보면……

이재성 진화 과정에서 돌연변이가 생기는데, 진화는 개체가 아니라 개체군에서 변화가 일어나는 거잖아요. 너무 심한 돌연변이, 다시 말해 살아남기 힘든 기형으로 나타난 생물은 유전자를 자손에 전달하는 데 뭔가 애로 사항이 있을 거 아니에요? 그러니까 돌연변이도 어느 정도 적당한 수준의 돌연변이여야 계속 축적되는 것이 아닐까 그런 생각이 들어요.

장수철 맞아요. 돌연변이는 다음과 같이 비유하는 게 가장 적절하다고 생각합니다. 10페이지짜리 글이 있다고 가정해 봐요. 누군가 머리를 쥐어짜면서 10페이지 분량의 글을 완성한 거예요. 그런데 그 글 중에서 무작위로, 예를 들면 눈을 감고 글자 하나를 바꾸었어요. 그럼 그 글은 좋아질까요, 나빠질까요? 대개 글을 망치게 될 가능성이 크지 않겠어요? 전체적으로는 아니라고 해도 최소한 그 글자 하나가 바뀐 주변 문장들은 애초의 의도와는 달리 흐트러진 상태가 될 거예요. 돌연변이도 마찬가지예요. 바뀐 글자 하나를 돌연변이라고 보면 됩니다. 생물들이 여태까지 살아오면서 얼마나 많은 변화가 일어났겠어요. 그 와중에 유전자가 선택되고 잘못된 건 없어지고 그런 과정을 거치면서 현재까지 온 거잖아요. 생물들이 제 딴에는 환경에 적응하면서 자기만의 유전자들을 보존해 여태까지 온 건데, 여기서 돌연변이가 생기는 것은 해당 개체에 부정적으로 작용할 가능성이 커요.

돌연변이와 진화

이재성 그럼, 돌연변이와 진화는 다른 거예요?

장수철 네. 원래는 사람들이 성인이 되면 우유를 소화시키지 못했는데, 이 세상에 먹을 만한 음식이 우유만 남았다고 가정해 봅시다. 참고로 태어난 직후부터 일정 기간은 모유와 기본 성분이 비슷한 우유를 소화할 능력이 있습니다. 우유를 소화하지 못하면 에너지를 얻을 방법이 없어요. 그런데 DNA에 돌연변이가 생겨 우유를 소화시킬 수 있는 사람이 나타난 거예요. 그렇다면 우유를 잘 먹는 사람들은 살아남고 못 먹는 사람들은 도태되겠죠. 이렇게 선택의 여지를 돌연변이가 만들어 준 거예요. 기나긴 진화의 여정에 동참하는 사람들은 우유를 잘 소화시키는 사람이겠죠. 우유를 소화시키지 못하는 사람들은 그 과정에서 없어질 테니까요. 실제로 많은 서양인들은 이들의 후손입니다.

이재성 그렇게 선택이 일어나니까 사람들이 진화를 좋고 긍정적인 것으로 생각할 수밖에 없어요. 돌연변이는 대체로 나쁜 거잖아요. 지금 있는 것들의 적합성을 감소시키기 때문에?

장수철 맞아요. 대부분의 돌연변이는 적합도를 감소시켜요.

이재성 거의 모든 돌연변이는 생명체의 적합도를 감소시키니까 바람직하지 않다?

장수철 네. 그런데 이렇게 생각해 볼 수 있어요. 예컨대 1,000개의 유전자 중에 유전자 A가 있고 A′가 있는데, 유전자 A′를 가진 생물이 비실비실

상태가 좀 안 좋아서 제거됐다고 처 봐요. 자연 선택의 과정에서 A가 살아남은 거예요. 그런 식으로 B, C, D, …… 다른 형질에서도 선택이 일어나고, 장구한 세월에 걸쳐 선택이 거듭된 결과가 현재의 생명체예요.

이재성 그럼, 돌연변이만 일어나서는 진화가 일어났다고 하지 않는다는 이야기죠? 돌연변이가 일어나야 그다음에 선택이 일어나고, 또 선택이 일어나고……. 그래야 진화라는 거죠?

장수철 전 동의할 수 없는데. 돌연변이 자체를 진화로 보는 사람들도 있어요.

이재성 그럼 또 헷갈리는데……. 일단 돌연변이가 일어나지 않으면 진화라는 것도 없겠죠? 선택할 필요가 없으니까. 그러니까 돌연변이가 일어나 뭔가가 생기면 그다음에 환경 요인에 의해서 선택이라는 게 일어나고, 그 선택 과정이 플러스건 마이너스건 어느 한쪽으로 진행되면 그게 진화예요. 맞죠?

장수철 네. 맞습니다.

이재성 정리해 보면, DNA를 복제하는 과정에서 실수가 생기고, 환경 요인에 영향을 받기 때문에 어쩔 수 없이 돌연변이는 계속 일어나고, 따라서 선택 역시 계속 일어나고, 그렇기 때문에 진화는 계속된다는 이야기예요.

장수철 참 잘했어요! 정말 똑똑한 학생이야. 하하. 이제 이런 이야기로 넘어가 볼게요. 그러면 인간은 지금 완벽한 상태냐?

이재성 당연히 아니겠죠.

장수철 그래요. 아니에요. 그럼 완벽을 향해서 갈 수 있을까요? 아니, 완벽하게 진화했다고 쳐요. 이 상태가 계속 유지될까요?

이재성 아니죠. 환경은 계속 변할 거고, 인간은 그 환경의 영향을 받고, 후대에 유전자를 전달하는 과정에서 실수가 생길 테니까요.

장수철 그렇죠. 그래서 완벽한 생명체는 만들어질 수 없어요. 진화에서 이야기하고 싶어 하는 게 그런 거예요.

이재성 어쨌든 간단하게 말하면 이런 거네요. 그냥 가만히 있을 수 없다. 어쨌든 변화가 일어난다. 선택을 해야 된다. 그게 진화다.

장수철 그런데 이거 알아요? 인간의 전체 DNA 중에서 단백질을 만드는 것은 1.5퍼센트뿐이래요. 나머지 98.5퍼센트는 단백질을 안 만들어요.

이재성 그래요? 98.5퍼센트는 뭐 해요?

장수철 여러 가지를 하긴 해요. 처음에는 쓸모없는 부분이라고 생각했는데, 최근 연구 결과에 따르면 단백질 대신 짧은 RNA를 많이 만든대요. 그리고 이 짧은 RNA가 단백질을 만드는 과정에서 간섭을 하죠.

이재성 왜 간섭한대요? 이유가 있을 텐데…….

장수철 쉽게 요약해 보면 단백질이 특정한 환경이나 조건 속에서 적절한 양만 만들어져야 되는데 너무 많이 만들어질까 봐 중간에서 제어하는 거예요.

이재성 만약에 필요한 양보다 적게 만들어지면?

장수철 적게 만들어지면 더 활성화시키는 방법이 또 있어요. 그것 역시 DNA에서 일정량의 단백질을 만들게 하려고 나머지 것들이 조절 작용을 하는 거예요. 돌연변이는 그렇게 쉽게 생기는 게 아니에요. 환경의 영향을 받아 DNA가 고장이 났는데 하필이면 그 1.5퍼센트에서 고장이 난다? 확률이 되게 낮잖아요. 단백질을 만드는 1.5퍼센트 DNA에서 돌연변이가 일어나면 큰일이죠.

하지만 돌연변이는 계속 생겨요. 우리 몸속에는 대장균이 하루에 대략 10억 마리가 새로 생긴대요. 그럼 거의 5,000개의 유전자가 대장균에 있으니까, 이 숫자까지 감안하면 그 10억 마리 중에서 돌연변이를 가진 대장균 수천 마리가 생길 수 있어요. 돌연변이 발생 확률이 낮아도 돌연변이는 계속 생긴다는 말이죠.

지금까지 DNA의 일부 또는 염기 하나만 변해서 생기는 돌연변이를 살펴봤는데, 지금부터는 규모가 큰 돌연변이입니다. 세포 하나가 여기 강의실 정도의 크기라고 가정해 보죠. 그 세포의 DNA를 일렬로 줄 세우면 여기서부터 시베리아에 있는 바이칼 호수까지 연결될 만큼 길어요. 어쨌든 그 정도로 긴 끈을 강의실 안에 집어넣어야 되거든요. 그런데 강의실 안에 가득 채우는 것도 아니고, 이 안의 약 10분의 1 또는 그 이하에 해당하는 공간에 넣어 줘야 돼요. DNA를 끈이라 여기고, 그 끈을 실패에 감아야 한다고 해 봐요. DNA는 음전하를 띠고 실패에 해당하는 단백질은 양전하예요. 자기들끼리 알아서 서로 만나 실패에 실 감기듯이 감겨요. 이렇게 세 차례에 걸쳐 꼬이면 세포 내의 핵이라고 하는 공간에 들어갈 수가 있어요. 그런데 세포 분열을 할 때는 이걸 한 번 더 꼬아요. 그러면 염색체가 생기는 거예요. 그 염색체 수준에서도 돌연변이가 생길 수 있어요.

지금 하나의 염색체를 A, B, C, D, E, F, G, H 이렇게 여덟 개의 구획으로 나누었어요. 만약 이 염색체가 800개의 유전자를 가지고 있다면 A에는 유전자가 몇 개죠?

이재성 100개.

장수철 네. 평균 100개예요. 다른 것들도 마찬가지겠죠. 그런데 D에 해당하는 부위가 없어지는 거예요. 세포 내 복잡한 작용에 의해서요. 그러면 유전자가 100개가 없어지는 거죠? 이건 엄청난 돌연변이예요. 이런 일이 가끔 생깁니다. 예를 들어, 사람의 5번 염색체의 일부가 사라지면 얼굴이 고양이처럼 생기고 울음소리도 고양이 같은 아이가 태어나요. 이 아이는 태어난 지 얼마 안 있다가 죽어요. 이렇게 염색체의 일부분이 사라지는

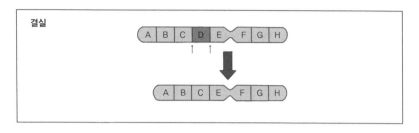

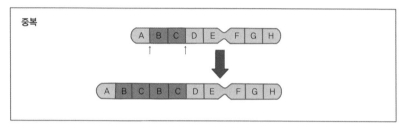

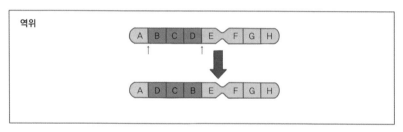

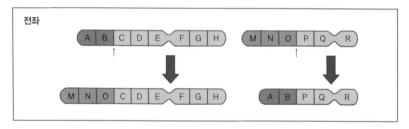

그림 4-2 염색체 돌연변이 ① 결실은 염색체의 일부가 소실되는 경우다. ② 중복은 염색체의 일부가 반복적으로 나타나는 현상이다. ③ 역위는 염색체의 일부가 뒤바뀐 순서로 삽입된 경우다. ④ 전좌는 상동 염색체가 아닌 다른 염색체의 일부가 옮겨 붙는 현상이다. 이 그림은 염색체 구조상의 변이를 설명하고 있으며, 염색체 수의 이상으로도 돌연변이가 발생할 수 있다.

돌연변이가 생기면 대부분 오래 살지 못합니다.

반면에, 염색체의 일부가 복제되는 경우도 있어요. 이 경우에는 염색체 B와 C가 복제돼서 두 개씩 가지고 있어요. 모두 200개의 유전자가 더 생긴 셈이죠. 그런데 이건 아주 나쁠 수도 있고 우연히 괜찮을 수도 있어요. 괜찮다면 새로운 형태의 염색체가 자손한테 전달되기도 해요. 식물에서 자주 볼 수 있는 현상이에요.

염색체의 유전자 개수는 안 변하지만, 순서가 확 바뀌는 경우가 있어요. 이렇게 되면 유전자의 활성이 더 잘 일어날 수도 있고, 아니면 억제될 수도 있어요. 이것도 상당히 중요한 돌연변이 가운데 하나예요. 대개 유전자가 없어지거나 유전자 순서가 바뀌는 돌연변이는 잘 안 일어난대요. 유전자가 중복되는 경우는 조금 일어나고, 염색체 사이에 일부 유전자가 이동하는 경우는 꽤 자주 일어납니다. 만성 골수성 백혈병 같은 일종의 암은 9번 염색체와 22번 염색체의 일부분이 서로 바뀌면서 발생합니다. 염기 한두 개가 아니라 유전자 수십 개, 수백 개가 왔다 갔다 하니까요. 돌연변이의 규모가 이렇게 큰 것들도 있습니다.

인간의 2번 염색체 구조를 들여다봤더니, 침팬지의 12번, 13번 염색체를 합쳐 놓은 것과 같다는 사실이 밝혀졌어요. 침팬지와 인간의 공통 조상은 600만 년 전부터 갈라지죠. 인간은 숲 바깥으로 나와 사바나 지역으로 진출해서 다양한 환경에 노출됐어요. 침팬지보다는 불안정하고 힘든 환경에서 살아갔죠. 인간이 600만 년 동안 진화하면서, 공통 조상 시절에 48개였던 염색체가 46개로 줄어들었어요. 침팬지의 12번, 13번에 해당하는 염색체가 합쳐져서 한 쌍이 줄었기 때문이죠. 염색체 중간에 동원체라는 염기 서열이 독특한 구조가 있는데, 그림4-3에서 볼 수 있듯이 이 부위가 침팬지와 인간의 염색체에서 겹치는 것을 알 수 있죠. 물론 전반적인 염기 서열도 비교해서 비슷한 구조임을 밝혀냈고요. 그래서 인간의 염색체는 23쌍이에요. 아예 염색체 자체에 이런 변이가 일어나면서 돌연변이가 된 겁니다.

이재성 결국 지구 최상위 포식자인 만물의 영장도 돌연변이 출신이네요?

장수철 돌연변이의 의미가 굉장히 넓은데……. 맞아요. 인간도 모든 다른 생물처럼 돌연변이에서 출발했죠.

사실, 우리 주변에 널려 있는 게 돌연변이에요. 유전자 돌연변이 때문에 생기는 병도 많습니다. 낭성 섬유증(cystic fibrosis)은 기관지나 폐에 과도한 점액질이 분비되면서 염증을 유발하는 질환이고, 혈우병(hemophilia)은 혈액 내 응고 인자가 부족해서 생기는 출혈성 질환이에요. 뒤시엔느 근무력증(Duchenne's muscular dystrophy)은 근육을 움직이는 데 중요한 일을 담당하는 단백질이 고장 난 거예요. 처음에는 골격근이 고장 나기 시작하다가 내장근이 고장

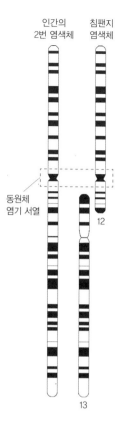

그림 4-3 인간과 침팬지의 염색체
인간과 침팬지의 공통 조상이 진화하면서 12번 염색체와 13번 염색체가 하나로 합쳐져 인간의 2번 염색체가 되었을 것이라고 추정한다.

나면서 굉장히 힘들게 살다가 죽는 유전 질환이죠. 그 밖에 알츠하이머병(alzheimer's disease), 헌팅턴병(Huntington's disease) 이런 것들도 결국 유전자에 돌연변이가 생겨서 발병하는 거예요.

이재성 거 봐. 대부분 다 나쁜 거네.

장수철 생존에 치명적인 돌연변이들이 눈에 띄니까 그런 것 같아요. 침팬지와 고릴라처럼 우리와 가까운 유인원에는 없는 B형 혈액형, 알데하이드 대사 유전자 변이 덕에 술을 마실 수 없는 형질, 언어 능력에 중요한 FOXP2 유전자 등을 보면 반드시 해로운 것만은 아니에요. 생존해서 잘 전달되는 유전자들은 그 자체로 선택받은 거겠죠. 돌연변이는 끊임없이 생겨나고, 계속해서 환경 변화에 의해서 선택되고 있어요.

유전적 다양성

장수철 돌연변이는 유전적 다양성을 조성하는 데 기여합니다. 자연 선택의 선택지가 많아지는 거죠. 무성 생식은 분열이 빠릅니다. 그래서 단기간에 돌연변이도 많이 생기죠. 세균들은 돌연변이만 만드는 게 아니라 남의 유전자를 받기도 해요. 유전자가 이동하는 거죠. 예를 들어, 세균은 자기 DNA를 다른 세균의 DNA와 바꿔치기할 수도 있어요. 일종의 유전자 교환이에요. 성선모(性線毛, sex pilus)를 만들어 세균과 세균의 접합이 일어납니다.

세균과 세균 사이에 DNA를 교환할 수 있는 일종의 다리를 만들어 연결합니다. 그럼 한쪽의 DNA를 복제해서 다른 쪽으로 넣어 줘요.

항생제에 내성이 생기는 것도 이런 유전자 교환 과정을 거치면서 벌어지죠. 항생제에 내성이 있는 세균이 내성 유전자를 여기저기 다른 세균에게 전달합니다. 굉장히 다양한 세균이 생겨나죠. 성선모를 만들어서 유전자를 교환하다 보면 여러 항생제 내성 유전자를 동시에 가지는 세균이 나타나기도 합니다. 그게 바로 슈퍼박테리아예요. 세균들은 유전

아주 명쾌한 진화론 수업

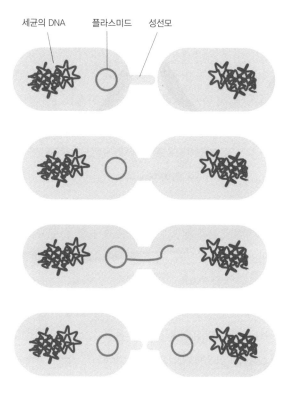

세균의 DNA　플라스미드　성선모

그림 4-4 미생물의 접합 과정 세균 같은 미생물은 성선모를 통해 개체끼리 접촉해서 유전자를 교환한다. 교환하고 싶은 DNA를 플라스미드의 형태로 만들어 다른 세균에 복제시키는데, 이를 접합이라고 한다.

자 교환을 통해서 유전적 다양성을 도모하기 때문에 항생제를 무한정 쓰면 다 죽일 수 있다고 생각하는 것 자체가 무모한 발상이에요. 세균은 돌연변이와 유전자 교환을 통해서 다양한 유전자를 만들고, 거기에서 어떤 세균은 선택되고 어떤 세균은 선택되지 않는 진화 과정이 펼쳐집니다.

참, HIV(Human Immunodeficiency Virus) 이야기를 잠시 해 볼게요. HIV

양성인 사람들은 이제 AIDS(Acquired Immune Deficiency Syndrome)에 걸리지 않을 수 있어요. 왜냐하면 HIV의 증식을 억제하는 약 세 가지를 한꺼번에 처방하는 칵테일 요법을 쓰기 때문이죠. 이 요법을 쓰면 체액 내의 HIV 입자 수가 낮은 수준으로 유지돼요. 그 이유를 보면, 한 가지 약에는 대략 100만분의 1의 비율로 HIV 입자들이 증식하는 과정에서 약에 대한 내성을 가지는 돌연변이가 발생합니다. 그런데 세 가지 약을 동시에 투여하면 100만분의 1×100만분의 1×100만분의 1의 확률로 세 가지 약 모두에 내성을 가진 돌연변이가 발생할 확률이 있는 거죠. 거의 가능성이 희박합니다.

이재성 HIV는 바이러스이고, 그럼 세균은 어때요? 세균의 유전자 교환이랑 비교할 수 있을 것 같은데.

장수철 맞아요. 세균을 없애려고 세 가지 항생제를 동시에 처방하면, 접합 과정을 통해 세 가지 약에 대해 동시에 내성을 지닌 세균은 바이러스보다 쉽게 생겨납니다. 그래서 세균한테는 칵테일 요법이 통하지 않아요.

　그럼 다른 생물을 살펴볼게요. 담륜충(擔輪蟲, rotifer)이라고 하는 동물도 무성 생식을 해요. 세균만큼 빨리 번식하는 것도 아닌데 잘 살아요. 생물학자들이 이 생물을 연구해 봤더니 유전자가 다 달라요. 담륜충은 외부의 DNA를 자기 몸 안에 가지고 들어옵니다. 다른 사람에게서 떨어져 나온 피부 세포가 있다고 가정을 해 보죠. 그 피부 세포 조각에는 DNA가 있을 거 아니에요. 그런데 얼떨결에 그 피부 세포에 내 피부 세포가 닿아서 그 DNA가 내 몸으로 들어온 거예요. 담륜충은 이런 식으로 외부의 DNA를 자기 몸 안에 받아들여 유전적 변이를 다양하게 만들어 갑니다.

이재성 우리에게 익숙한 것은 없나요?

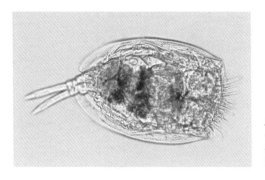

그림 4-5 담륜충 담륜충은 무성 생식을 하지만 외부 DNA를 자기 몸 안에 가지고 들어와서 유전적 다양성을 확보한다.

장수철 지금 막 이야기하려는 유성 생식이 있어요. 유성 생식은 유전적 다양성을 극대화하는 번식 방법입니다. 인간을 포함한 유성 생식 생물들은 염색체가 쌍으로 이루어져 있죠. 각각 부모로부터 물려받은 거예요. 염색체 두 쌍 즉, 1번과 2번 염색체를 두 개씩 지닌 생물이 있다고 합시다. 감수 분열을 해서 생식세포를 만들 때 총 네 가지 조합이 가능합니다. 만약 염색체가 3번까지 있으면 여덟 가지 조합이 가능하고, 염색체가 4번까지 있으면 2의 4제곱, 즉 16가지가 가능해요. 인간은 염색체가 23쌍이니까 2의 23제곱, 약 830만 가지의 조합이 가능합니다. 그래서 830만 가지의 서로 다른 염색체 조성을 가지고 있는 정자와 난자가 만나면 대략 64조 명의 아이를 낳더라도 전부 다 유전자가 달라요. 그런데 여기서 염색체 일부의 자리가 바뀌는 건 계산을 안 했어요. 교차, 즉 상동 염색체 사이에 일어나는 유전 물질 교환 현상까지 계산에 넣으면 정자 수십 조, 난자 수십 조 가지가 생길 수 있고, 어떤 경우로 결합하더라도 유전적으로 동일한 사람은 하나도 없어요.

유성 생식은 선택지를 아주 많이 만들어 줍니다. 자연 선택이 이루어지는 상황이 왔을 때 어느 하나는 선택되어 살아남을 가능성이 큰 거죠.

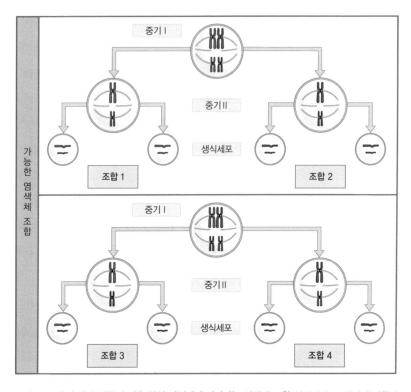

그림 4-6 유성 생식 생물의 감수 분열 과정에서 나타나는 염색체 조합 염색체가 두 쌍만 존재한다고 가정할 경우, 감수 분열 중기 I 때 염색체가 어떻게 배열되느냐에 따라 네 가지 조합으로 생식세포를 만들 수 있다. 유성 생식 생물은 이러한 조합을 통해 유전적 다양성을 확보한다.

이렇게 대를 이어 가다 보면 자손의 유전적 조성이 엄청나게 달라져요. 처음에는 돌연변이가 나타나 다양한 변이가 만들어지고, 그다음에 유성 생식은 이걸 잘 섞어 주는 거예요. 엄청나게 많은 변이가 만들어지고, 그것들이 자연 선택의 기반이 되고 진화의 기반이 되는 것이죠.

이번 수업에서 나온 내용을 총 정리해 보겠습니다. 돌연변이는 DNA의 염기 단위에서도 생기고, 염색체 단위에서도 생깁니다. 염기 하나가

아주 명쾌한 진화론 수업

변해서 없어지거나 더해지거나 순서가 바뀌어서 생길 수 있고, 염색체 일부분이 변해서 수십 개, 수백 개의 유전자가 없어지거나 더해지거나 순서가 바뀌어도 생길 수 있습니다. 또 염색체의 개수가 변해도 생겨요. 그렇게 다양한 돌연변이가 나타날 수 있습니다. 이런 돌연변이를 바탕으로 해서 무성 생식은 유전자 교환으로, 유성 생식은 암수 유전자를 섞어서 엄청나게 다양한 종류의 변이를 만드는 게 생물의 특징이에요. 이런 변이 요인을 가지고 시간이 흐르면서 변화가 생기고 이들 중에 선택이 일어나는데, 이것을 진화라고 합니다.

오늘은 여기까지 하죠.

수업이 끝난 뒤

장수철 생물학을 공부하다 보면 돌연변이에 대한 편견이 싹 없어져요. 유별나고 이상한 게 아니라 그냥 자연스러운 것으로 받아들이죠.

이재성 자연스러운 변화?

장수철 네. 자연스러운 변화로 여기게 돼요. 돌연변이가 일어나 더 유리해질 수도 있어요. 대체로 불리하게 작용하지만…….

이재성 그런데요, 생물학자가 아닌 보통 사람들은 대부분 돌연변이는 불리해진다고 생각하고, 진화는 유리하다고 생각한다니까요. 그러면 선생님 이야기는 돌연변이도 불리한 것은 죽고, 유리한 것은 계속 남아서 유지된다 이말이죠?

장수철 그렇죠. 그래서 현재까지 이르게 된 거예요. 유리한 것만 내 몸에 있는데 여기서 돌연변이가 일어나면 부정적인 놈, 살아가기에 뭔가 불리한 놈이 될 가능성이 훨씬 크지 않겠어요?

이재성 영화 같은 데서 이상하게 묘사해서 그런 거 아닐까요. 〈플라이(The Fly)〉, 〈디센트(The Descent)〉 같은 영화를 보면, 돌연변이는 괴물처럼 흉물스럽게 변하거나 괴상망측하게 생긴 게 많잖아요.

장수철 돌연변이가 나오는 대표적인 영화는 〈엑스맨〉 시리즈지. 떼로 몰려 나오잖아. 거기 나오는 돌연변이 인간들은 능력이 엄청나게 향상됐던데. 초능력자가 됐으면 좋은 거지, 그게 왜 나빠? 타인과 다른 게 나쁜 건가?

이재성 선생님 말마따나 그런 돌연변이가 살아가는 데 유리하면 계속 후대에 전해지겠죠.

장수철 엑스맨에 나오는 돌연변이는 당대, 그다음 대 정도밖에 안 나오잖아요. 만약 그게 계속 유전돼서, 예컨대 울버린처럼 손등에서 뼈가 쫙 솟아 나와서 이것 때문에 사는 데 훨씬 유리하고, 이런 사람들의 비율이 점점 늘어나 먼 훗날에 인류 대부분이 전부 손등에서 뼈가 나온다고 하면 그게 바로 진화예요. 그 과정은 한 대에서 끝나는 게 아니라 수십 대 수백 대에 걸쳐서 그런 사람들만 살아남고 그렇지 않은 사람은 사라지는 거예요.

이재성 처음에는 돌연변이였지만, 그 돌연변이가 개체 수가 많아지면 정상으로 바뀐다는 이야기 아니에요? 외눈박이 나라에서는 눈 한 개가 정상인 것처럼. 정상과 비정상은 결국 머릿수 싸움이네.

장수철 나중에 가면 그렇게 되는 거예요.

이재성 어차피 그런 사람들만 있을 테니까.

아주 명쾌한 진화론 수업

생식 장벽

: 종의 분화

찰스 다윈이 갈라파고스 제도에 갔을 때였대요. 다른 데서는 보기 힘든 이상한 녀석들이 있는 거예요. 이구아나가 물속에 들어가서 해초를 뜯어 먹는 거예요. 다윈이 그때 본 종류의 파충류는 물에 들어갔다 나오는 게 흔치 않았거든요. 뭐 이런 놈이 다 있나 싶었겠죠. 그곳에 사는 가마우지도 다른 곳의 가마우지와 달리 날지 못했어요. 그 밖에도 거기서만 볼 수 있는 신기한 생물이 많았죠. '이런 녀석들은 어떻게 해서 생겨났을까?' 하는 의문이 뒤따를 수밖에 없었을 겁니다.

새로운 종의 출현

장수철 오늘 이야기할 내용은 종(species)의 분화예요. 종이란 뭐냐? 먼저 사진부터 볼게요. 사람들을 보면 생김새가 확연히 차이가 나죠? 그래도 사람은 전부 같은 종이에요. 다음 사진은 종달새 종류예요. 생김새가 거의 비슷해서 같은 종이라고 생각하기 쉬운데 아니에요.

자, 종을 어떻게 정의해야 할까요? 종이란 상호 교배가 가능한 개체 집단 중 최대 단위를 말해요. 같은 종이면 개체군이 서식하는 자연적인 환경 조건에서 짝짓기가 가능해야 합니다. 여기서 두 가지가 핵심이에요. 첫째, 자연 조건에서든 인공적으로든 교배가 불가능하다면 다른 종으로 봅니다. 두 개체군이 유전적으로 다르기 때문에 자손을 만들 수 없는 거

아주 명쾌한 진화론 수업

단일 종 내의 다양성　　　　　다른 종 간의 유사성

그림 5-1 단일 종 내의 다양성과 다른 종의 유사성 생김새가 달라도 하나의 종일 수 있고, 외형적으로 비슷해도 다른 종일 수 있다. 겉모습은 종을 정의하는 데 결정적인 요인이 아니다.

예요. 둘째, 인공 교배가 가능하더라도 자연 상태에서 짝짓기가 일어나지 않으면 대개 다른 종으로 취급하죠. 이와 같이 생물학에서는 생식적으로 격리되어 있는 것을 종을 구분하는 주요 근거로 삼습니다. 진화생물학자 에른스트 마이어가 주창한 개념이에요. 생물학적 종개념이라고 하죠.

생식 장벽

이재성 잠깐, 궁금한 게 있는데요. 생식적으로 격리되어 있다는 건 어떤 상태를 말하죠?

장수철 두 집단 간에 생식이 안 일어나게 하는 어떤 자연적인 환경 조건이 있다는 말이에요.

이재성 그럼 집단과 집단 사이에 생식이 일어나지 않으면 별개의 종이에요?

생식적으로 격리되어 있는 건 무엇으로 알 수 있어요?

장수철 관찰해 보면 짝짓기가 일어나지 않아요. 그리고 유전자를 조사해 보면 알아요. 아까 종달새 두 마리가 굉장히 비슷하지만 다른 종이라고 했잖아요. 도대체 왜 그럴까요?

생식 장벽(reproductive barrier)이 존재하기 때문이죠. 생식 장벽은 크게 두 가지로 나눌 수 있어요. 접합, 즉 정자와 난자의 융합을 기준으로 나눕니다. 아예 짝짓기 자체가 일어날 수 없거나 짝짓기를 하더라도 생식 세포의 수정이 불가능한 접합 전 장벽(prezygotic barrier)과 짝짓기와 수정이 이루어지지만 대를 이어 가기 힘든 접합 후 장벽(postzygotic barrier)이 있죠. 앞에서 본 종달새는 상당히 비슷하긴 해도 둘 사이에 생식 장벽이 가로놓여 있어서 서로 다른 종이에요. 돼지하고 개 사이에는 아예 짝짓기가 안 일어나는 것처럼 말이죠.

이재성 말과 당나귀 사이에서 노새가 태어나는데, 그럼 말하고 당나귀는 같은 종이에요?

장수철 노새 이야기는 뒤에서 할게요. 우선, 접합 전 장벽에는 네 가지 유형이 있습니다. 몇 가지 사례를 보죠. 물뱀과 육지에 있는 뱀은 무척 비슷해요. 몸의 형태, 크기 등 여러 특징이 비슷한데 하나는 물에 살고 하나는 육지에 살아요. 둘 사이에는 짝짓기가 일어날 수가 없어요. 이 둘은 다른 종이에요. 실제로 자연 상태에서 짝짓기가 안 일어나기 때문에 다른 종으로⋯⋯.

이재성 사는 곳이 달라서 짝짓기가 안 일어난다는 건가요?

장수철 그렇죠. 서식지 환경이 완전히 다르면 종도 달라요. 이를 서식지 격리(habitat isolation)라고 합니다.

동부얼룩스컹크와 서부얼룩스컹크는 짝짓기 시기가 달라요. 한 놈은

아주 명쾌한 진화론 수업

봄에, 다른 놈은 가을에 교미를 해요. 두 개체군 사이에는 짝짓기가 일어날 수가 없어요.

이재성 그게 아까 말한 생식적으로 격리되어 있다는 뜻인가요?

장수철 네. 맞아요. 지금 이야기하는 사례는 전부 생식 격리예요. 짝짓기 시기가 다른 이런 경우를 시간적 격리(temporal isolation)라고 하는데, 매미도 마찬가지예요. 매미는 유충 때 땅속에서 살다가 성체가 되면 땅 위로 나옵니다. 그런데 종에 따라 그 주기가 13년인 개체군이 있고, 17년인 개체군이 있어요. 번식하려고 나올 때까지 13년 또는 17년이 걸리니까 두 개체 사이에 번식 기간에 만나는 게 쉽지 않은 거예요.

이재성 13과 17의 최소공배수를 따져 보면 되겠네요.

장수철 그게 221년이에요. 만나기가 힘들죠. 이것도 짝짓기 시기를 맞추기 어려워서 생식 격리가 일어나는 사례죠.

행동적 격리(behavioral isolation)도 있어요. 행동이 다르면 상대방이 보내는 신호를 알지 못해서 같은 종으로 인지하지 못한다고 합니다. 푸른발부비새(blue-footed booby)는 짝짓기 대상을 유혹할 때 다리를 들었다 놨다 하는데, 들었다 놓는 시간 간격 또는 얼마만큼 높이 들어 올리는지 그 정도나 횟수, 그때의 고갯짓 등이 암컷에게 보내는 구애 행동이에요. 푸른발부비새 암컷은 이런 행동을 하지 않는 것들은 수컷으로 여기지도 않고 짝짓기를 허락하지 않아요.

종달새는 노랫소리로 판단합니다. 사람 귀에는 다 그게 그거 같은데, 조류학자는 이걸 녹음해서 음의 높이, 지속 시간, 멜로디 등을 분석해요. 종마다 조금씩 다 달라요. 그런 요인들로 같은 종 여부를 인식합니다. 대개 수컷의 구애 행동이 같은 종이면 암컷이 인지해서 짝짓기가 이루어지고, 다른 종이면 안 되는 거예요.

그림 5-2 달팽이의 기계적 격리 달팽이의 껍데기를 비교해 보면, 한 마리는 나선형 무늬가 시계 방향으로 꼬여 있고, 다른 한 마리는 시계 반대 방향으로 꼬여 있다. 이 둘은 교배가 불가능하며, 다른 종으로 분화될 가능성이 크다.

이재성 그렇다면…… 뱀, 스컹크, 매미, 종달새 등 이름 자체만으로는 하나의 종개념이 아니라는 거잖아요?

장수철 맞아요. 코끼리도 한 종이 아니에요. 실제로 인도코끼리는 아프리카코끼리와 다르고, 아프리카코끼리도 두 종이래요. 또 고릴라도 산지에 사는 마운틴고릴라하고 평지에 사는 고릴라는 서로 다른 아종(亞種)으로 알려져 있어요. 아종은 종보다 하위 분류 단계를 말하는데, 요즘은 둘이 다른 종일 거라는 이야기도 나오고 있어요. 이전까지 보노보를 피그미침팬지라 했는데, 지금은 보노보가 침팬지랑 같은 종이라고 주장하는 사람은 없어요. 보노보와 침팬지는 다른 종으로 분류하죠.

그다음에 기계적 격리(mechanical isolation)라는 게 있어요. 그림 5-2의 달팽이를 보면, 전혀 차이가 없는 것 같아요. 그런데 얘네들의 생식기가 서로 만날 만한 구조가 아니에요. 방향이 달라서 그렇습니다. 껍데기를 보세요. 나선형 무늬가 한 놈은 오른쪽으로 꼬여 있고, 다른 놈은 왼쪽으로 꼬여 있잖아요. 몸 구조가 서로 달라 생식기가 만나기 어렵죠. 방향이 반대예요. 껍데기를 만드는 유전자 몇 개가 차이가 나서 짝짓기가 안 되는 거예요. 지금은 비슷한 개체가 많더라도 앞으로는 짝짓기를 통해 유전자가 섞일 가능성이 거의 없기 때문에 얘네들은 서로 다른 종으로 분화될 거라고 보고 있어요.

아주 명쾌한 진화론 수업

잠자리 수컷한테는 부속지(附屬肢, appendage)가 있습니다. 그걸로 암컷을 고정시켜 짝짓기를 하죠. 그런데 이 부속지의 생김새에 따라서 잠자리 종이 여러 가지예요. 같은 종이 아니면 짝짓기가 안 돼요. 즉 부속지의 생김새에 따라 짝짓기가 될 수도 있고 안 될 수도 있어요.

식물의 경우, 각 식물마다 꽃가루를 옮겨 주는, 즉 수분(受粉, pollination)을 담당하는 곤충이나 새의 종류가 달라요. 이렇게 수분 담당 동물에 따라 수정 여부가 정해지는 것 역시 형태적인 차이, 즉 기계적 격리라고 볼 수 있어요.

정자와 암컷이 수정이 안 되는 경우도 있어요. 정자가 난자와 결합을 못 하는 것이죠. 왜냐하면 결합하려면 서로 인지하는 단백질이 있어야 하는데, 난자 바깥에 노출된 단백질과 들어온 정자가 서로 알아보지 못해요. 그래서 정자와 난자가 만나더라도 수정이 안 일어납니다. 예컨대 비슷하지만 다른 두 종에 속하는 성게 개체들이 정자와 난자를 동일한 수중 공간에 방출하더라도, 정자와 난자는 결합하지 않아요. 식물도 마찬가지예요. 어떤 종의 꽃 수술에서 꽃가루를 만들었는데, 그 꽃가루를 비슷하지만 다른 종의 꽃으로 옮길 수도 있겠죠? 그 꽃가루가 암술머리로 가면 거부 반응이 일어나요. 자기한테 맞는 꽃가루가 아니라서 꽃가루 내에 있는 정자를 아예 못 들어오게 하는 것이죠.

이재성 짝짓기, 그러니까 접합은 했으나 장벽이 생긴다는 건가요?

장수철 지금까지의 이야기는 접합 전부터 안 되는 거예요. 수정이 일어나지 않으니까요.

접합 후 장벽은 수정 이후 발생 과정과 잡종이 태어난 다음에 생기는 문제를 말해요. 예를 들어, 도롱뇽은 물속에서 서로 다른 종의 정자와 난자가 수정되는 경우가 가끔 있어요. 그런데 발생 자체가 제대로 되지 않아요. 또는 발생이 되어 일정한 형태를 띠더라도 환경에 적응하지 못하고 바로 죽습니다. 잡종이 생기긴 하는데 생존력이 상당히 약해지죠. 그런데 그것마저도 극복하는 잡종이 생길 수도 있어요. 앞에서 언급했는데, 우리가 잘 아는 노새나 라이거. 애네들은 생식력이 없어요. 말은 염색체 수가 64개고 당나귀는 62개예요. 둘의 염색체가 섞여서 노새의 염색체 수는 63개예요. 정자나 난자를 만들 때 짝수여야 둘로 나눠지잖아요. 염색체 수가 63개면 그게 안 되죠. 그래서 노새는 불임이에요. 더 이상 자손이 이어지지 않아요.

식물의 경우에 해당하지만 잡종도 어느 정도 새끼를 낳을 수는 있어요. 그런데 이런 잡종 중에 일부 종의 잡종 1대는 생존력과 번식력이 있지만 계속해서 애네들이 부모 종과 짝짓기를 해서 자손이 생기면 약해져요. 1대, 2대 정도는 가는데, 갈수록 생존력과 번식력이 떨어집니다. 결국 하나의 종으로 정체성을 유지할 수가 없게 되죠. 이걸 잡종 와해(hybrid breakdown)라고 해요. 정자와 난자가 서로 결합하더라도 이렇게 지속적으로 유전자를 서로 주고받을 수 있는 개체군이 유지되지 않을 때 이것을 접합 후 장벽이라고 합니다.

잡종화된 종 분류의 어려움

장수철 그런데 문제가 있어요. 세포 하나짜리 또는 세포 여러 개가 무성 생식 하는 생물들 있죠? 히드라는 다세포 생물이지만 출아법을 통해서 무성 생식을 합니다. 무성 생식을 하는 생물들은 생물학적 종개념으로 구분할 수 있을까요? 짝짓기 행위 자체가 아예 안 일어나잖아요. 화석으

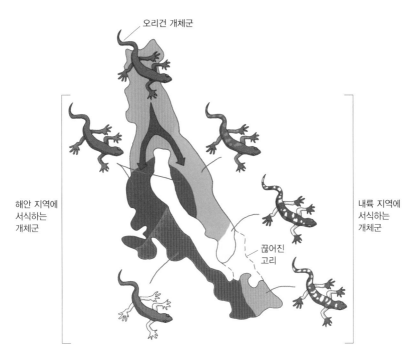

오리건 개체군

해안 지역에
서식하는
개체군

끊어진
고리

내륙 지역에
서식하는
개체군

그림 5-3 윤상종 처음에 동일한 종에서 시작했지만 지리적 장애 때문에 점진적으로 변화가 쌓인다.
결국 갈라진 집단이 다시 만나는 지점(끊어진 고리)에서는 교배가 불가능해진다.

로만 존재하는, 지금은 멸종한 종은 짝짓기 여부를 어떻게 알겠어요? 완
전히 사라져 버렸는데. 그리고 한 종이 다른 종으로 전환되는 시점을 생
물학적 종개념으로 볼 수 있을까요?

윤상종(輪狀種, ring species)도 애매하긴 마찬가지예요. 자연 장벽 때문에
개체군의 서식 분포나 이동 경로가 고리처럼 둥근 형태를 띤다고 해서 붙
은 이름이에요. 재갈매기(herring gull)와 큰재갈매기(slaty-backed gull)는 미
국에서는 서로 짝짓기를 하는데 유럽에서는 안 해요. 아시아에 서식하
는 일부 새들은 히말라야 산맥 북쪽에서 짝짓기를 통해 연결되는 개체군

이 있고, 남쪽에서 연결되는 개체군이 있어요. 그래서 히말라야 산맥 북쪽과 남쪽에서 각각 연결 상태를 유지하다가 반대쪽 끝에서 만났을 때는 짝짓기를 안 해요. 서로 조금씩 변해서 개체군도 조금씩 달라졌기 때문이죠.

미국의 캘리포니아에서도 같은 현상이 일어납니다. 해변 쪽 도마뱀과 내륙 쪽 도마뱀이 조금씩 달라져서 나중에 만나도 짝짓기를 안 해요. 이럴 경우에는 같은 종이냐 아니냐 단정 짓기가 쉽지 않습니다. 같은 종이라 생각했는데, 어느 한 지점에서부터 조금씩 달라지다가 반대쪽 끝에서 만나면 짝짓기가 안 일어나죠. 그래서 언젠가는 이놈들이 다른 종으로 분화될 테고, 중간에 서로 짝짓기가 가능했던 연결선도 언젠가는 끊어질 겁니다. 그럼 앞으로 새로운 종이 출현할 가능성도 있는데, 이것을 윤상종이라고 합니다. 현재는 두 개의 독립된 종이라고 하기도 애매하고, 또 하나의 종만 있다고 이야기할 수도 없어요. 종 분화 과정에 있다고 봐야겠죠. 이런 게 생물학적 종개념만으로 종을 규정하는 게 쉽지 않은 사례예요.

잡종화가 쉽게 일어나는 종도 있어서 경우에 따라서는 분류하기가 무척 어렵습니다. 북극곰(polar bear)과 산악 지대에 사는 회색곰(grizzly bear)은 만날 여지가 별로 없어서 둘 사이에 자손이 생길 가능성이 거의 없어요. 그런데 온난화 현상 때문에 북극의 얼음이 녹으면서 서식지 간의 거리가 점점 가까워졌어요. 접촉이 잦아지면서 옛날에는 생각지도 못했던 잡종들이 생겨났죠.

이재성 그럼 북극곰과 회색곰은 같은 종이에요, 아니에요?

장수철 그걸 몰라요. 지금까지는 다른 종이라고 봤는데 잡종이 생기고, 2대, 3대, 4대 계속 이어지고 있으면 같은 종이라고 봐야죠. 그런데 아직 거기까지는 데이터를 못 얻었어요.

이재성 신기하긴 하다. 도마뱀이나 재갈매기 이런 것들은 같은 종이었다가 조금씩 달라져서 결국 갈라지는데, 곰은 완전히 떨어져 있다가 점점 가까워져서 짝짓기가 되는 게. 환경적인 요인은 종 분화에서 결정적인 게 아닌가 봐요?

장수철 갈라파고스 제도에는 핀치 새가 13종이 있어요. 부부 생물학자 피터 그랜트(Peter Grant)와 로즈메리 그랜트(Rosemary Grant)가 거기 가서 핀치 새를 관찰했어요. 굉장히 가깝긴 하지만 서로 다른 종이 과연 잡종을 만드는지 살펴봤죠. 그 두 종이 결국엔 다시 상호 교배 가능한 상태가 돼서 한 종이 되지 않을까? 그렇게 예측했어요. 그런 경우는 굉장히 드문데, 어쨌든 드물다고 해서 없는 건 아니니까.

이재성 그 두 종은 처음에 같은 종이었는데 갈라져서 두 종이 됐다가 다시 붙어서 한 종이 되는 거예요?

장수철 그렇게 추정하고 있어요. 왜냐하면 갈라파고스 제도에 있는 13종의 핀치 새는 에콰도르의 조상 종에서 유래했으니 유사한 점이 많이 남아 있으니까요.

사실, 가장 오래된 종개념은 생김새, 즉 형태를 가지고 분류하는 거였어요. 생김새가 다르면 다른 종으로 분류하자는 형태학적 종개념은 충분히 먹혀들 만한 이야기였거든요. 생식의 특징을 알기 어려운 화석이나 앞에서 언급한 무성 생식 생물이 대표적인 대상이죠. 그런데 이것도 문제가 많아요. 생물의 형태를 가지고 종을 구분하자고 의기투합하고서는 기준을 뭘로 할까? 이런 걸로 허구한 날 싸워요. 예를 들어, 크기를 기준으로 해서 그것보다 크면 다른 종, 작으면 같은 종으로 하자. 또 형태적인 특징 중에 머리 부분이 가장 중요하다. 아니다. 꼬리 부분이 제일 중요하다. 이런 식으로 형태학자들 사이에 종 구분의 기준을 두고 논쟁이 숱하게 벌어집니다. 이게 객관적인 결론이 나오기 쉽지 않아요. 종 구분의 기준이 되는 구조나 정도에 대한 주관적인 판단이 많이 들어갈 수밖에 없거든요.

그래서 생태학적 종개념이 나오기 시작했어요. 특정 생물의 짝짓기만으로는 명확한 판단이 서지 않거나 행태 분석을 면밀히 해도 결론이 불분명할 때는 특정 개체군이 사는 환경을 분석합니다. 세균 같은 경우, 세균이 사는 곳의 pH가 어떻게 되느냐? 먹이가 뭐냐? 온도는 어떠냐? 이런 것들을 근거로 같은 종, 다른 종 여부를 구분할 수 있다고 판단하죠. 이게 바로 생태학적 종개념입니다.

아프리카코끼리 같은 경우, 개체 수가 그렇게 많지 않아요. 표본을 가지고 유전자를 조사해서 크게 두 개의 서로 다른 조상에서 유래한 것 같다고 결론을 냈어요. DNA 분석 기술이 발달하면서 생물들 사이의 혈통 비교가 용이해진 덕분이죠. 이런 걸 계통학적 또는 계통발생학적 종개념이라고 해요.

종개념의 종류도 많죠? 가장 많이 사용하는 건 생물학적 종개념이에요. 대개 서로 같은 종인지 아닌지 판별할 때 생물학적 종개념으로 적용할 수 있는 범위가 가장 넓어요. 그래도 결론이 안 날 때는 나머지 셋, 즉 형태학적 종개념, 생태학적 종개념, 계통발생학적 종개념 중에서 하나를 같이 결합해 두세 가지의 기준을 가지고 종을 구분합니다. 이렇게 생물의 종 분화 과정은 알쏭달쏭한 것도 많고 예외적인 것도 굉장히 많아요.

아주 명쾌한 진화론 수업

그림 5-4 이소종 분화: 해리스영양다람쥐와 흰꼬리영양다람쥐 해리스영양다람쥐(위)와 흰꼬리영양다람쥐(아래)는 거대한 협곡 때문에 격리되어 그랜드 캐니언의 남쪽과 북쪽의 가장자리에서 종 분화가 일어났다.

이소종 분화

장수철 대체로 개체군이 다른 공간에 있을 때 종 분화 과정을 겪습니다. 이소종(異所種, allopatric species) 분화라고 하죠. 그러니까 다른 장소에 서식하기 때문에 다른 환경에 노출될 것이고, 다른 방식의 적응과 변화가 동반되면서 종 분화가 일어난다는 이야기죠.

이소종 분화의 예를 들어 볼게요. 처음에는 한 개체군이 같은 장소에서 함께 살았습니다. 그런데 언제부턴가 건너갈 수 없는 커다란 강이나 그랜드 캐니언 같은 협곡이 생겼다고 해 봐요. 서로 오갈 수 없기 때문에 예를 들어 들쥐 등의 두 개체군 사이에는 짝짓기가 일어나지 않았겠죠. 두 개체군이 각각 자기가 사는 환경에 적응하다 보면 서로 다르게 유전적인 변이가 일어날 거예요. 그러다 어느 순간부터 이 둘이 만난다 해도 짝짓기가 불가능할 정도로 달라지는 완전히 별개의 종이 되는 겁니다. 겉으로 보기에는 별 차이가 없어도 전혀 다른 종이 됐어요. 섬에 서식하는 들쥐 집단이 화산 활동 결과 생긴 산에 의해 분리된 후 서로 접촉하지 못하여 종 분화가 일어나는 예도 꽤 있습니다.

이재성 날개 달린 놈들은 전혀 문제 될 게 없을 것 같은데요.

장수철 자연이 만든 절벽이나 산 같은 장벽이 있더라도 날짐승 같으면 아무 문제가 안 되겠죠. 그러나 에콰도르에 있던 핀치 새는 900킬로미터 이상 떨어진 갈라파고스 제도에 와서 씨앗을 먹는 핀치 새, 새싹을 먹는 핀치 새, 곤충을 먹는 핀치 새 등으로 분화한 거예요. 각각 서식 환경이 다른 섬에 핀치 새가 이주하면서 분화가 일어난 것이죠. 일부 조류는 수천 킬로미터 정도 떨어져야 짝짓기가 불가능해진다고 파악하고 있어요. 그래야 서로 다른 집단이 된다고 해요.

어류는 어떨까요? 연못에 물이 말라서 둘로 갈라지는 경우가 생기면, 각 연못에 있는 집단은 다른 적응과 변화를 겪을 겁니다. 조금 다른 측면을 살펴보죠. 모기고기(mosquitofish)를 예로 들어 볼게요. 모기 유충을 잡아먹는다고 해서 붙여진 이름이에요. 포식자가 많은 환경에서 사는 모기고기는 포식자가 그리 많지 않은 곳에서 사는 모기고기보다 꼬리지느러미가 두껍고 튼튼해요.

이재성 빨리, 잘 도망쳐야 하니까?

장수철 맞아요. 이 지느러미를 잘 움직여야 빨리 도망갈 거 아니에요. 그래서 꼬리지느러미가 발달하는 쪽으로 진화한 거예요. 이런 식으로 모기고기는 포식자의 존재 유무라는 서식지 환경에 따라 종 자체가 달라졌습니다.

자연 선택을 통해 서로 분리된 개체군은 적응 과정을 겪게 되겠죠. 만약 개체 수가 적은 놈들이 격리되어 있다가 살아남게 되면 새로운 종으로 변화할 가능성이 얼마든지 있어요. 대표적인 게 좀 전에 봤던 갈라파고스에 사는 핀치 새. 아마 소규모 집단이 이주해 왔을 텐데, 13개의 종으로 분화됐잖아요. 대개 섬 환경에서 살아남는 개체들의 경우 이런 사례가 꽤 많더라고요. 개체군 사이가 멀리 떨어질수록 생식 격리도 커집니다. 핀치 새의 경우, 먹는 것이 달라지고, 어느 정도 변화도 쌓이는 것은 물론, 거리가 멀면 서로 짝짓기도 안 해요. 그만큼 이소종 분화가 발생할 가능성이 커진다는 이야기죠.

그림 5-5는 이소종 분화의 한 조건에 대해 실험을 해 본 데이터예요. 서로 다른 곳에 서식하니까 먹이가 다른 것으로 가정하여 먹이 조건을 달리했는데 초파리 한 집단은 녹말이 있는 곳에서 키웠고, 다른 집단은 엿당이 있는 곳에서 키웠어요. 녹말을 먹은 암컷과 수컷끼리, 엿당을 먹은 암컷과 수컷끼리 교배시키면 짝짓기 횟수가 20~22회 되는데, 엿당을 먹은 수컷과 녹말을 먹은 암컷은 잘 안 해요. 짝짓기 횟수가 거의 반으로 떨어졌죠. 엿당을 먹은 암컷과 녹말을 먹은 수컷 사이에도 마찬가지였어요. 이게 먹이의 차이 때문인지 아니면 다른 곳에서 키워 서로 친숙하지 않기 때문인지 대조군을 통해 확인해 봤죠. 병 두 개로 공간을 나누고 모두 녹말을 먹이로 줬어요. 서로 다른 병에서 키운 놈들끼리, 또 같은 병에서 키운 놈들끼리 교배를 시켜 보면 짝짓기 횟수가 비슷한 것을 확인할 수 있죠. 결국 같은 병에 있었다고 해서 서로 친숙하기 때문에 짝짓기가 더 활발히 일어나는 건 아니었어요. 다른 환경, 여기서는 먹이가 되겠죠. 서로 다른 환경에서 성장한 개체군이 다시 만나게 됐을 때 짝짓기 빈도가 확연히 떨어졌습니다. 이소종 분화의 여러 증거 중에 하나가 될 수 있을 것 같네요.

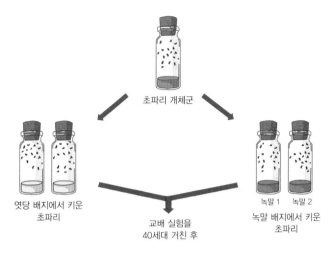

초파리 개체군

엿당 배지에서 키운
초파리

교배 실험을
40세대 거친 후

녹말 1   녹말 2
녹말 배지에서 키운
초파리

		암컷	
		녹말	엿당
수컷	녹말	22	9
	엿당	8	20

실험군의 짝짓기 횟수

		암컷	
		녹말 1	녹말 2
수컷	녹말 1	18	15
	녹말 2	12	15

대조군의 짝짓기 횟수

그림 5-5 먹이의 차이에 따른 초파리 종의 분화

동소종 분화

장수철 새로운 개체군의 출현을 관찰해 보면 이소종 분화만 있는 게 아니
었어요. 즉, 같은 지리적 조건인데도 서로 다른 종으로 갈라집니다. 이걸
동소종(同所種, sympatric species) 분화라고 하죠.

동소종 분화는 특히 식물에서 많이 일어납니다. 인간은 염색체가 46개예요. 그러니까 1번 염색체 두 개, 2번 염색체 두 개, …… 22번 염색체까지 두 개씩 있고, 성 염색체가 두 개 있어요. 염색체가 두 세트 있는 거예요. 그런데 식물의 동소종 분화는 염색체가 세 세트, 네 세트가 생기는 겁니다. 이렇게 해서 생긴 놈들이 그냥 자기 고유의 세트 수를 유지하면서 계속 종으로 남아 새로운 종으로 출현할 수 있다는 이야기죠. 식물은 조금 독특한 특징이 있어요. 세포 분열이 일어나려면 세포핵이 복제되어 한 개에서 두 개로 되잖아요. 그러면 세포질 사이가 갈라져요. 완벽하게 두 개의 세포가 됩니다. 그런데 식물은 세포핵이 두 개가 생겼는데 세포가 안 갈라지는 경우가 꽤 있어요. 다시 말해, 세포 하나에 핵이 두 개가 있는 경우도 있는 거죠. 그만큼 식물은 세포 분열이 상대적으로 불안정한 것 같아요.

이재성 왜 그래요? 진화가 덜 돼서 그런가?

장수철 그건 잘 모르겠어요. 그런데 이게 식물의 특징이에요. 예를 들어, 정소나 난소에 있는 세포의 염색체는 두 세트인데 감수 분열이 일어나면 한 세트로 줄어들잖아요. 식물의 생식소라고 할 만한 곳이 암술 아래쪽하고 수술머리인데, 거기에 있는 생식 세포가 감수 분열 대신 염색체 수가 줄어들지 않는 체세포 분열을 한다면 몇 세트? 두 세트가 되죠. 한 세트가 아니라 두 세트짜리 꽃가루와 두 세트짜리 난자 세포 이런 게 생긴단 말이죠. 게다가 자기 꽃 내부의 꽃가루가 자기 꽃 내부에 있는 암술에 가서 수정하는 경우도 가끔 있어요.

이재성 자가 수정?

장수철 네. 자가 수정이에요. 이 외에도 염색체 수가 늘어난 한 종의 식물이 비슷한 놈들과 수정하는 경우가 꽤 있어요. 그 때문에 염색체의 세트 수가 늘어나는 일이 가끔 벌어집니다.

이재성 그런 애들이 많아요?

장수철 식물 중에 80퍼센트가 그런 식으로 새로운 종이 됐다고 추정하죠. 그래서 염색체가 두 세트보다 많은 다배수성(polyploidy) 현상이 일어나는 거예요. 세포 분열 도중에 종종 실수가 일어나고, 염색체가 복제되지만 세포 분열이 안 일어나 염색체 세트 수가 늘어나는 현상이에요.

어떨 때는 하나의 종과 옆에 있는 비슷한 종 사이에 꽃가루가 서로 붙어서 잡종이 생기기도 하죠. 그 결과 염색체 수가 홀수가 된 잡종, 예를 들어 염색체 수가 다섯 개인 잡종은 감수 분열을 할 때 반으로 나눌 수가 없잖아요. 그런데 얘가 체세포 분열 때, 염색체 수는 두 배로 증가하지만 세포는 분열되지 않는 실수가 일어나서 염색체 수를 짝수인 열 개로 만들 수 있죠. 이 잡종인 세포가 감수 분열을 하면 다섯 개의 염색체를 가진 정자와 난자가 만들어집니다. 그런 식으로 후대에 유전자를 전달하는 거예요. 이 식물이 가까이에 있는 다른 종 중에서 생식 세포의 염색체 수가 다섯 개로 같은 식물과 수정을 하면 새로운 종이 출현하기도 합니다. 이런 잡종은 식물에서 발견됩니다. 감수 분열 또는 체세포 분열 과정에서 실수가 잘 일어나거나 또는 자가 수정으로 암컷과 수컷 생식세포가 다 만들어지니까 이런 현상이 나타나요.

이렇게 새로운 식물 종의 출현은 염색체 개수가 늘어나면서 일어납니다. 예를 들어, 유럽에 있는 '눈개승마'라는 식물이 미국에 전래된 후 미국 식물학자들이 추적을 해 봤더니 다른 비슷한 종하고 염색체가 섞여서 새로운 종이 출현한 것 같다는 결론을 내렸죠. 귀리, 목화, 감자, 담배 모두 다배수체예요. 염색체가 두 세트가 아니라 네 세트, 어떤 건 여섯 세트도 있어요. 식물은 이런 식으로 새로운 종이 많이 만들어지는 것 같습니다.

이재성 그런데 좀 이상하네요. 식물에서 실수가 많이 나는 거잖아요. 왜 그렇

아주 명쾌한 진화론 수업

게 실수가 많이 날까요? 아니, 식물이 저렇게 되는 게 실수일까요? 동물을 기준으로 삼았기 때문에 저게 좀 이상하다는 거지, 실수가 아니라 정상적인 과정이라고 볼 수도 있는 거 아니에요?

장수철 그렇게 볼 수도 있겠네요. 신선한 시각!

아프리카 빅토리아 호수에는 농어 종류가 꽤 많대요. 암컷은 수컷의 색깔을 보고 접근을 해요. 파란색 종과 약간 붉은색 종이 나뉘어지려던 시기에 여러 가지 오염 물질 탓에 물이 탁해져서 색깔 구분이 안 되는 거예요. 그러다 보니 두 종이 서로 섞였어요. 이 말은 같은 장소에 살지만, 짝짓기 상태일 때 몸의 어떤 특징, 즉 색깔 가지고 분화가 일어날 가능성이 있다는 이야기예요.

이재성 그럼 물고기들이 색깔을 구분한단 말이에요?

장수철 네. 색깔 구분 잘해요. 어류와 양서류는 우리보다 훨씬 더 색깔 구분을 잘해요.

이재성 개는 흑백으로 보잖아요.

장수철 포유류는 달라요. 6500만 년 전에 지구를 압도적으로 지배하던 공룡이 멸종하니까 파충류가 차지하던 생태 공간을 포유류가 넘겨받았죠. 그 전에는 늘 공룡의 눈치를 볼 수밖에 없었어요. 몸의 크기로 보나 전투력으로 보나 상대가 안 되거든. 그러니까 포유류는 파충류가 질 때 밤에 몰래 움직이면서 사냥하고 이런 식으로 생존해 왔어요. 굳이 세 가지씩이나 색깔을 구분하는 능력이 필요 없었겠죠. 야행성이었으니까. 포유류의 조상들은 그랬어요. 그래서 대부분의 포유류는 이원색 시스템을 가지고 있어요. 그런데 영장류가 열매를 따 먹게 되면서, 숲에서 잘 익은 빨간색 열매를 녹색의 잎을 배경으로 구분할 능력을 지니면 생존에 유리했을 테고, 그 돌연변이가 확 퍼진 거예요. 그래서 영장류는 삼원색 시스템

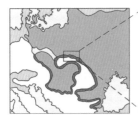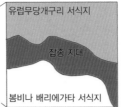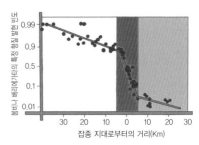

유럽무당개구리 서식지

잡종 지대

봄비나 배리에가타 서식지

잡종 지대로부터의 거리(Km)

봄비나 배리에가타(*Bombina variegata*)

유럽무당개구리(*Bombina bombina*)

그림 5-6 잡종 지대의 두꺼비

이에요. 포유류 중에서 영장류는 예외로 쳐야 합니다. 그런데 이런 물고 기나 양서류, 파충류는 적어도 삼원색, 종에 따라서는 사원색 또는 오원 색 시스템도 있어요. 이놈들이 우리 컬러 TV를 보면 우스울 거예요. 저 걸 컬러라고 만들었어? 색깔 구분이 훨씬 더 세밀하죠.

같은 장소에서 새로운 종이 출현하는 사례를 계속 살펴볼게요. 산사나 무파리는 사과나무에서 사과의 즙을 먹고 살던 파리가 산사나무 열매에 적응해서 살게 된 경우입니다. 가을이 깊어지면서 사과는 빨리 떨어지지 만 산사나무 열매는 천천히 떨어지거든. 그러다 보니 사과나무에서 살던 파리와 산사나무파리는 생활사 자체가 완전히 달라지는 거예요. 그래서 이 둘은 거의 다른 종으로 분화된 것 같습니다.

아주 명쾌한 진화론 수업

잡종 지대의 종 분화

장수철 그림 5-6의 지도에서 노란색 부분은 배가 노란색인 두꺼비가 사는 곳이고, 주황색 지역은 배가 주황색인 두꺼비가 서식하는 곳이에요. 빨간색으로 칠해진 지역이 이 두 종의 두꺼비가 만나 잡종이 형성되는 곳이에요. 이곳을 잡종 지대(hybrid zone)라고 하죠.

잡종 지대에서는 서로 짝짓기가 잘 일어나요. 이 잡종의 생존율은 굉장히 안 좋아요. 거의 다 죽습니다. 그런데도 끊임없이 만들어져요. 아마 서로 비슷한 걸로 봐서는 공통 조상에서 갈라진 지 얼마 안 됐을 거고, 다른 곳에서 살다가 조금씩 달라져서 다른 종이 됐는데 이곳에서 만나다 보니 잡종이 생기는 거예요.

잡종 지대에 있는 생물들은 크게 세 가지 운명을 겪게 될 겁니다. 두 종이 갈라진 지 얼마 안 됐으나 다시 만났을 때 잡종이 전혀 안 생기면 '강화'됐다고 하고, '융합'은 잡종이 생기면서 두 개의 종으로 나누는 게 사실상 유명무실해질 때를 말하죠. '안정'은 서로 다른 종으로 분화된 상태가 유지되면서 잡종도 계속 생기는 거예요.

그럼 지금까지 봤던 사례들을 여기에 적용해 볼게요. 대부분의 생물종은 강화에 해당해요. 그런데 빅토리아 호수의 농어는 융합에 해당하죠. 두 종이 갈라지는 것 같았는데 물이 탁해져서 다시 하나의 종으로 합쳐진 겁니다. 북극곰과 회색곰의 경우도 융합 과정을 거칠 가능성이 크죠. 두꺼비는 안정 상태로 잡종이 계속 생길 거예요.

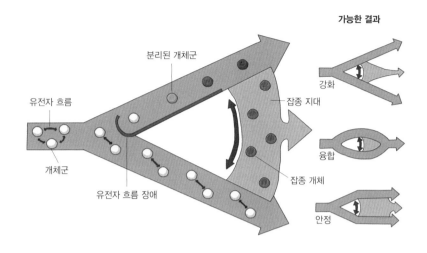

가능한 결과

분리된 개체군

유전자 흐름

개체군

유전자 흐름 장애

잡종 지대

잡종 개체

강화

융합

안정

그림 5-7 잡종 생물의 세 갈래 길

종 분화의 모델

장수철 한 종이 생겨서 없어질 때까지 그 기간이 얼마나 지속될까요? 4,000년이다, 650만 년이다 의견이 분분해요. 생물종마다 분화 속도나 수명이 다 다르겠죠. 종이 분화되는 양상은 두 가지 모델이 있습니다. 첫째, 차츰차츰 조금씩 변해 가다가 일정한 시간이 지나면 완전히 다른 생물이 생기는 경우. 둘째, 어느 날 갑자기 다른 생물이 출현하는 경우. 이렇게 둘 중에 하나를 모델로 삼아 설명하고 있어요. 첫째 모델이 다윈이 주장했던 계통점진설(phyletic gradualism)이죠. 리처드 도킨스가 주장하는 요체가 바로 이거예요. 분자생물학이나 생리학, 형태학 전공자들은 대부분 점진설을 선호합니다. 도킨스의 반대편에 있는 스티븐 제이 굴드(Stephen Jay Gould)가 주장했던 건 단속평형설(punctuated equilibrium theory)

아주 명쾌한 진화론 수업

입니다. 둘째 모델에 해당하죠. 어느 날 갑자기 다른 생물이 출현했고(단속) 그 이후에는 거의 변화가 없다는(평형) 거예요. 그러다 다시 갑자기 생물종이 출현한다는 것입니다. 변화라는 게 눈에 보이는 것이 조금씩 쌓여서 되는 것도 있겠지만, 새로운 종이 출현하는 만큼 한꺼번에 변하는 것도 가능하다고 주장했어요. 대개 고생물학자들은 단속평형설을 선호해요. 지층은 아무리 얇아도 상당히 오랜 시간이 걸려 형성되는데, 아래층과 위층의 화석이 급격한 변화를 보이는 경우가 많기 때문이죠. 제 생각에는 둘 다 맞는 것 같아요. 기준을 어디다 두느냐에 따라 다른 거죠. 둘 다 생물의 종 분화 현상을 설명해 줍니다. 어느 게 맞고 틀리고 따질 필요가 없어요.

염색체의 변화가 손쉽게 일어나는 경우에는 아주 짧은 시간에 새로운 종이 생겨날 수 있어요. 어느 날 갑자기 유전자 하나에서 돌연변이가 생겼는데, 그게 하필이면 꽃의 색깔을 파장이 긴 빨간색으로 바꿔 주는 유전자였다면 벌이었던 수분 담당자가 벌새로 바뀔 수도 있어요. 그러면 조상 종 개체들과 유전자 교환이 힘들어지게 됩니다. 그렇게 해서 다른 종이 되기도 합니다. 유전자가 많이 바뀌는 것도 아니고, 몇 개만 바뀌어도 돼요. 유전자의 변화에 따른 짝짓기의 변화 양상이 얼마나 쉽게 또는 어렵게 일어나느냐에 종 분화 속도가 달려 있습니다.

공룡이 아직까지 멸종하지 않았으면 포유류의 종이 이렇게 다양해졌을까요? 아닐 거예요. 공룡을 피해 계속 밤중에만 돌아다니고 색깔 구분도 못 하는 그런 놈들만 살아남았겠죠. 다양한 영장류가 생겨나기 힘들었을 거예요. 기껏해야 설치류 비슷한 놈들만 남아 있었을 겁니다. 서식지 환경이 어떠한가, 다른 종과의 경쟁 상태, 짝짓기 상대의 다양성, 짝짓기 관련 유전자가 얼마나 쉽게 변하느냐 이런 요인들이 종 분화의 속도를 결정합니다.

수업이 끝난 뒤

이재성 종이 분화된다는 게 진화와 같은 의미인가요?

장수철 하나의 개체군이 있고, 이게 나뉘면서 서로의 유전적 조성이 바뀌고 이런 것들이 쌓이다 보면 새로운 종이 출현한다. 종 분화 전까지 소진화가 계속 일어나는 거죠. 그래서 종이 출현할 정도의 큰 변화들이 축적되면 종 분화가 일어나고 더 나아가 종 분화 이상의 범위, 즉 새로운 속(屬) 또는 더 큰 범주의 변화가 일어날 수 있잖아요. 그걸 대진화 (macroevolution)라고 해요. 예를 들어 포유류의 출현, 육상동물의 출현, 척추동물의 출현 같은 것들을 대진화적 사건이라고 합니다.

이재성 종속과목강문계 이렇게 생물을 나누잖아요. 위로 올라갈수록 유전자에 큰 변화가 있는 거예요? 형태학적으로 비슷한 것끼리……

장수철 예전에는 형태학적 요인이 가장 크게 작용했어요. 최근에는 여기에 발생학, 생리학, 생화학, 분자생물학의 특징까지 결합해서 분류합니다. 예컨대 동물과 식물을 보자고요. 식물은 자기가 알아서 유기물 분자를 만들어 내고, 동물은 다른 생물이 만들어 놓은 걸 먹잖아요. 이렇게 크게 구분하고 나서, 동물 중에 어떤 건 육식을 하고 어떤 건 초식을 하고, 어떤 건 척추가 있고 어떤 건 없고, 이런 식으로 기준을 세워 분류를 해 나가는 거예요. 그런데 좀 더 세부적으로 들어가면, 아놀도마뱀 같은 경우 형태학적으로는 굉장히 다양해요. 여러 모양이 있어서 열 몇 가지 서로 다른 종이라고 봤는데, DNA로는 큰 차이가 없는 거 같기도 하고, 굳이 이렇게까지 나눠야 하나? 그런 이야기도 나오고 그래요.

이재성 다 추측이네. 뭐 하나 딱딱 맞아떨어지는 게 없어…….

장수철 맞아요. 추측이긴 한데, 비교적 가장 논리적이고 증거들이 있는 추측이죠. 이를 뒤집을 만한 새 증거가 나오지 않는 한 현재까지는 가장 설득력 있는 추측이에요.

이재성 과학이라기보다 인문학 같아서 그래요.

장수철 그럼 어떡하겠어? 실험해 볼 수 없는 것도 많은데. 에드워드 윌슨(Edward O. Wilson) 같은 사람은 지구를 세 개 더 만들어 주면 실험을 통해 진화론을 완벽하게 증명해 보이겠다고 하잖아요. 오죽하면 그랬겠어.

이재성 만약에 제대로 통제하지 못하면 어떻게 하려고? 지구 새로 만들어 준 거 나중에 다 물어 낸대?

장수철 일단 만들어 주기나 해 봐.

이재성 만들 수가 없잖아요.

장수철 그런 상황이니까 지금 있는 증거 가지고 어떻게든 논리적으로 잘 설명해 보자는 거예요.

생명체의 탄생

: 무생물과 생물 사이

누구나 한 번쯤은 이런 생각들을 해 봤을 거예요. '나는 어떻게 해서 지금 이렇게 존재하고 있을까?', '나라는 존재의 기원은 언제, 어디서부터 비롯되었는가?' 내 직계 조상들은 6·25와 임진왜란 등 각종 전쟁의 참화에서 살아남았고, 혹독한 빙하기를 털가죽 몇 장으로 견뎌 냈을 테고, 공룡의 먹잇감 신세를 용케도 벗어났으며, 온갖 자연재해와 죽음의 위협을 요리조리 피해 가며 유전자를 이어 왔을 겁니다. 그 중간에 단 한 번이라도 끊어졌다면 나는 지금 이 세상에 없었겠죠. 자, 까마득한 세월을 거슬러 올라 그 종착지에 다다르면 내 조상은 과연 어떤 모습을 하고 있었을까요? 이렇듯 자기 존재의 근원을 찾아가는 과정은 생명체 탄생의 비밀을 엿보는 장구한 여정의 길이기도 합니다.

원시 지구의 환경

장수철 얼마 전에 영국의 생화학자 닉 레인(Nick Lane)이 쓴 《생명의 도약 (Life Ascending: The Ten Great Inventions of Evolution)》을 봤습니다. 진화 역사의 열 가지 위대한 발견을 다룬 책인데, 생명체의 탄생, DNA, 광합성, 진핵세포, 성, 운동, 시각, 온혈성, 의식, 죽음을 거론했습니다. 이 중 온혈성, 의식, 죽음 등을 제외하고 나머지는 우리가 오늘 이야기할 대진화와 대개 일치한다고 볼 수 있어요. 우리는 그 밖에 육상동물의 출현, 그중에서도 우리의 조상이 포함된 사지동물은 언제 나타났는지, 대멸종의 원인과 그

것이 끼친 영향, 현재의 지구 환경에서 새로운 생명체가 탄생할 것인가 등 여러 주제를 살펴볼 거예요. 어쨌든 현재에 이르기까지 생명체의 역사와 관련된 굵직굵직한 사건들 위주로 쭉 연결해 놓으면 그게 대진화예요.

이재성 질문이요. 과거 생명체가 현존하는 생명체와 매우 다르다고 했잖아요. 현존하는 생명체는 과거의 생명체로부터 진화되어 현재에 이르렀을 텐데 그걸 매우 다르다고 하면, 아예 다른 걸로 바뀐 것처럼 들리거든요. 우리가 알고 있는 진화는 점진적으로 나아진다는 것, 그러니까 연속선상에 놓이는 개념이에요. 그런데 매우 다르다고 하면 둘 사이에 전혀 관련이 없다고 볼 수도 있을 것 같거든요?

장수철 진화가 그래서 어려워요. 설명하기가 참 쉽지 않아요. 우선 그렇게 다양하지만 지구상의 모든 생물이 가지는 공통점이 있어요. 모두 세포로 이루어져 있다, DNA를 유전 물질로 사용한다, ATP를 에너지로 사용한다, RNA와 단백질을 만들어 생명 현상을 나타낸다 등의 이런 공통점은 유지하면서 변화를 지속한 거죠. 역사를 거슬러 올라가면 변화를 볼 수 있어요. 앞에서 이야기했지만, 리처드 도킨스는 예를 이렇게 들었어요. 아버지, 할아버지, 증조할아버지, 고조할아버지…… 이렇게 쭉 10만 년 전까지 거슬러 올라가 조상들이 차례로 앉아 있다고 가정해 보자고요. 쭉 비교해 보면 눈에 띄는 차이가 거의 없을 거예요. 15만 년, 20만 년 전까지 올라가면 호모 에렉투스가 나와요. 조금 다른 것 같은데 그래도 그다지 큰 차이는 없다고 할 수 있어요. 그런데 600만 년 전까지 거슬러 가면 침팬지와 별로 구분이 안 되는 동물이 등장해요. 700만 년을 거슬러 올라가면 고릴라, 1400만 년 전에는 오랑우탄, 6300만 년 전에는 영장류 조상, 3억 1000만 년 전의 포유류 조상, 4억 2000만 년 전의 사지동물 조상, 5억 6000만 년 전의 척삭동물 조상, 그 이전에는 동물의 조상, 진핵생물의 조상, 원핵생물의 조상이 출현했을 거예요. 각 시점과 현생 인류를 비교해 보면 상당히 차이가 나죠. 매우 다르다는 게 중간중간의 작은 변화들이 엄청나게 쌓여서 된 거잖아요. 이런 자잘한 변화들을 다 생략해 버리면 완전히 단절된 것처럼 보이기도 하죠. 대진화는 시간 규모를 아주 크게 잡아서 거대한 변화를 다루는 거예요.

생명체의 탄생은 생물학자들 사이에서, 또 화학자들 사이에서도 갑론을박이 엄청나게 심해요. 언제부터 진화가 시작됐는지, 진화는 생명체의 탄생 이후부터 적용되는 건지, 생명체의 탄생 과정은 명확히 규명됐는지 아직도 논란거리가 많아요.

46억 년 전, 정확히는 45억 6780만 년 전, 외우기 쉽죠? 45678. 지구가 만들어진 초창기에는 에너지가 아주 풍부한 열 덩어리였어요. 여기서 생명체들이 생겨날 만한 조건이 조금씩 형성되었을 거예요. 그런데 38억 년 전까지는 지구에 운석이 엄청나게 떨어졌대요. 뭔가 생명체 구성 물질이 생기려고 하면 운석이 떨어져 싹쓸이하고, 세포 비슷한 것이 생기면 또 운석이 떨어지고, 여기저기 화산 폭발하고……. 이런 상황이 38억 년 전까지 반복됐어요. 지구에 매일 핵폭탄 수백 개가 날아와 터지는 것이나 마찬가지였죠. 38억 년 전 이후부터는 좀 잠잠해졌다고 합니다. 그래도 바닷속은 상대적으로 충격이 덜해 생명 탄생 과정이 진행되었을 가능성이 있다는 주장도 주목을 받고 있어요.

그러다가 약 35억 년 전에 형성된 암석을 조사해 봤더니 세포의 흔적 같은 것이 발견됩니다. 이건 과학자들 사이에 어느 정도 의견 일치를 본 내용이에요. 35억 년 전에 세포가 생겨나려면 그 전부터 세포가 만들어지기 위한 여러 과정이 있었겠죠. 그 과정은 언제부터 시작됐을까요? 38

아주 명쾌한 진화론 수업

억 년 전이라고 추정하고 있어요. 그 전에는 세포 비슷한 게 생겨 봐야 지구에 엄청난 폭발이 계속되었으니 생존이 불가능하지 않았겠어요? 이 추정을 따르면 38억 년 전 이후부터는 지구의 환경이 좀 평온해졌기 때문에 생물을 구성하는 물질들이 만들어질 조건이 됐고, 약 3억 년 동안 원시적인 세포의 형태를 띠는 것들이 형성돼서 35억 년 전부터 나타나기 시작한 거예요. 말이야 쉽지, 3억 년이면 엄청난 시간이에요.

생명체 탄생의 조건

장수철 그 3억 년 동안 어떤 일이 벌어졌을까요? 어쨌든 처음에는 유기 분자가 생겨야 돼요. 유기 분자는 생명체의 몸을 구성하는 분자예요. 이 분자의 특징은 탄소 골격(carbon skeleton)이 들어 있다는 점이죠. 탄수화물, 지질(脂質), 아미노산, 단백질, 핵산도 마찬가지예요. 예를 들어, 어느 날 갑자기 뿅 하고 단백질이 먼저 생길 수는 없어요. 단백질이란 아미노산의 연결체거든요. 그러니까 단백질이 만들어지려면 그 전에 아미노산이 있어야 돼요. 그럼 DNA 같은 핵산이 생기기 전에는 뭐가 있어야 할까요? DNA를 구성하는 뉴클레오타이드가 있어야 돼요. 다시 말해, 작고 단순한 유기 분자가 먼저 생겨야 크고 복잡한 분자가 만들어지는 다음 과정이 진행됩니다.

이재성 유기화학과 무기화학, 유기 분자와 무기 분자……. 앞에 붙는 '유'와 '무'는 뭔가 있고 없고의 차이일 텐데 그게 뭐예요?

장수철 탄소가 중심이 된 화합물에는 '유기'라는 말을 붙여요.

이재성 탄소가 왜 중요해요?

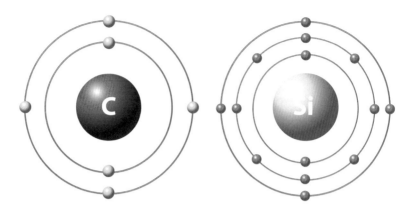

그림 6-1 탄소와 규소의 결합손 원자번호 6번인 탄소와 14번인 규소는 가장 바깥의 전자가 네 개로 동일하지만 탄소는 다른 원자와 다양하게 결합하는 반면 규소는 안정적인 편이다.

장수철 생명체가 주로 탄소로 이루어져 있으니까요. 탄소의 구조를 보면 가장 바깥의 결합손이 네 개잖아요. 결합할 수 있는 원자의 개수나 종류가 가장 많은 게 탄소예요. 그래서 다른 원자와 결합해서 만들어 낼 수 있는 분자의 종류가 굉장히 많아요. 탄소를 기본으로 생명체를 구성하는 다양한 분자가 만들어진다는 거예요. 규소와 비교해 보죠. 규소도 결합손이 네 개라 여러 종류의 분자를 만들 수 있어요. 하지만 그 결과 주로 바위나 흙 같은 물질이 생기게 되죠.

이재성 생물적 합성하고 무생물적 합성은 어떻게 달라요?

장수철 식물은 이산화탄소를 이용해서 탄수화물을 만들죠. 스스로 에너지원을 만들어 내는 것은 생물적 합성입니다. 생물을 물질로만 생각하면 단백질과 지질의 조합이에요. 물론, 핵산도 있고요. 단백질은 20여 가지 아미노산으로 이루어져 있는데, 사람의 경우에는 여덟 가지를 빼놓고 나머지 아미노산은 몸에서 합성을 해요. 참고로 사람의 체내에서 합성하지 못하는 여덟 가지 아미노산을 '필수 아미노산'이라고 합니다. 사람이 정상적으로 단백질을 합성하려면 필수 아미노산이 꼭 필요하죠. 필수 아미노산은 음식을 통해 섭취해야 해요. 다시 원래의 이야기로 돌아오면 단백질뿐 아니라, 지질도 마찬가지고. 자기 몸을 구성하는 요소들을 스스로 합성하는 건 대개 생물적 합성이에요.

이 이야기는 생명체가 지구상에 최초로 출현하기 위한 조건을 살펴보는 것과 맞닿아 있습니다. 그 조건들을 살펴보죠.

지구에서 생명체가 탄생하게 된 첫 번째 조건은 아주 간단하고 작은 유기 분자가 생겼다는 겁니다. 지구가 만들어진 초창기에는 원자나 분자가 우연히 만나 화학적으로 반응했어요. 무기 화합물로부터 유기 화합물이 형성되는 과정이 생물에 의한 것이 아닌 무생물적 합성만 일어났던 시기였죠. 그러다가 유기 분자가 생겨났어요. 아직 생명 현상을 나타내는 건 아니에요.

두 번째 조건은 이런 유기 분자들이 합쳐져 덩치를 키웠다는 거예요. 단백질이나 핵산은 화학 반응을 일으키거나 유전 정보를 저장 또는 전달할 수 있습니다. 앞에서 말했듯이 단백질과 핵산이 만들어지려면 아미노산이나 뉴클레오타이드가 만들어져서 서로 붙어야 돼요. 이처럼 작은 분자들이 결합해 거대 분자를 형성했습니다. 단백질이나 핵산 같은 거대 분자는 물질대사와 번식이라는 생물의 두 가지 기능을 수행하는 데 중요하죠.

세 번째 조건은 거대 분자들이 기름 막 안으로 들어가서 한 군데에 모인다는 겁니다. 그렇게 원시 세포가 만들어지면서 본격적으로 물질대사와 번식을 할 수 있는 조건이 조성됐죠. 하지만 아직 세포로서 활동을 할 수 있는 단계는 아니에요.

이재성 원시 세포가 생물이에요?

장수철 생물로 가는 전 단계라고 보면 돼요.

이재성 거대 분자들이 한 곳에 모이게 된 것뿐이니까 원시 세포 단계도 아직 생물이라고 볼 수 없겠네요?

장수철 맞아요. 원시 세포 이후에 제대로 된 최초의 세포가 출현했죠.

이재성 그때부터 생물적 합성이 일어나는 거잖아요?

장수철 나는 그렇게 주장하고 싶어요. 생물의 역사를 좀 더 길게 보는 사람은 원시 세포부터 생명체라고 주장해요.

생명체가 탄생하기 위한 네 번째 조건은 유전이 가능한 자기 복제 분자, 즉 DNA가 만들어졌다는 거예요. 살아 있는 모든 생명체의 세포 내에서 발견되는 물질이 DNA예요. 유전 정보를 담고 있죠. 그런데 원시 세포는 대부분 DNA가 없어요. 그래서 이 원시 세포를 생명체라고 간주하기에는 아직 부족해요. DNA가 만들어지기까지 이런 네 가지 조건이 다 갖춰져야 생명체가 탄생할 환경이 되는 것이죠.

원시 수프 가설

장수철 처음에 지구의 대기는 수증기로 뒤덮였고, 또 잇따른 화산 폭발로 대기에 질소(N_2), 산화질소(NO), 이산화탄소(CO_2), 메탄(메테인, CH_4), 암모니아(NH_3), 수소(H_2), 황화수소(H_2S) 같은 것들이 생겼어요. 이건 지질학자들의 관찰과 실험을 통해 입증된 결과예요. 이런 분자들이 있는 상태에서 번개 또는 자외선이 뭔가를 자극시키면서 원시 수프(primordial soup)가 만들어졌을 거라고 추정했어요. 여기서 원시 수프는 생물을 구성하고 있는 분자들이겠죠.

이재성 왜 수프라고 그래요?

장수철 여러 가지 재료가 담겨 있다는 뜻일 거예요. 우리가 먹는 수프에 여러 성분이 들어 있는 것처럼요. 그래서 생명체는 이러한 수프에서 시작되었을지도 모른다는 겁니다. 멀리 거슬러 올라가면 찰스 다윈이 제기한 '따뜻한 작은 연못 가설(warm little pond hypothesis)'까지 연결될 거예요. 다윈은 따뜻한 작은 연못에서 암모니아, 인산염, 빛, 전기, 열 등이 어우러져 단백질이 만들어지고 복잡한 변화를 거쳐 생명체가 생겨났다고 주장했거든요. 이런 아이디어를 구체화한 사람은 러시아의 생화학자 알렉산드르 오파린(Aleksandr I. Oparin)이었어요. 그러니까 생명체의 탄생을 연구하며 고민하다가 이런 식으로 정리한 거예요.

이재성 별걸 다 고민하는구나. 신기해…….

장수철 별거라니요? 얼마나 중요한 문제인데. 자, 고깃국이 한 그릇 있다고 해 봐요. 이걸 그냥 계속 놔두면 거기서 구더기가 생기고 파리가 들끓어요. 이런 현상을 보고 사람들은 무생물 조건에서 생물이 만들어진다고 생각했어요. 지금도 그렇게 생각하는 사람들이 있죠. 그런데 그게 아니라고 주장한 사람이 루이 파스퇴르(Louis Pasteur)였어요. 생명체의 '자연발생설'을 부정한 것이죠. 알다시피 플라스크를 살균 처리해서 그 안에 고깃국을 넣고 세균이 못 들어가게 하면 고깃국은 몇 달, 몇 년을 놔두더라도 썩지 않잖아요. 어떤 물체가 썩는다는 건 외부 요인 때문이에요. 고깃국에 구더기가 생기는 건 파리가 알을 낳았기 때문이죠. 이 말은 지금 현재도 어디선가 새로운 생명체가 무생물로부터 만들어지고 있을 거라는 생각이 틀렸다는 거예요. 왜 틀렸을까요? 왜 안 만들어질까요? 원시지구와 비교하면 지금 지구의 대기는 완전히 다른 조성이에요. 전자를 뺏는 원소인 산소가 있다는 점이 그렇죠. 그만큼 반응성이 크다는 뜻이

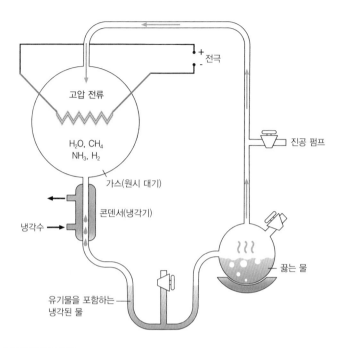

그림 6-2 스탠리 밀러의 실험

어서 산소때문에 생명체를 구성하는 분자들이 합성되기 어려울 겁니다. 또 조금이라도 유기물이 생겼다면 생물들이 다 먹어치웠을 겁니다.

이재성 신기하다. 생물에게는 산소가 중요한데, 그 산소 때문에 생명체가 생길 수 없다니.

장수철 자, 드디어 스탠리 밀러(Stanley L. Miller)가 등장합니다. 미국의 생화학자예요. 이 사람은 노벨상을 수상한 지도 교수 해럴드 유리(Harold C. Urey)의 협조를 얻어 원시 지구에서 생명체가 어떻게 생겨났는지 재현하는 실험을 했어요. 1953년에 스물세 살의 대학원생 밀러가 주도한 이 실험은 너무나 유명하죠. 실험 기구에 수증기, 수소, 암모니아, 메탄 등으로 초창기 지구의 대기 구성과 똑같은 환경을 만들었어요. 여기에 화산 폭발이 일어나듯이 열을 가했고, 전기도 넣어 번개를 일으켰죠. 그런 다음에 식혀요. 식었으니까 수증기가 물방울로 변했을 텐데 그걸 모아서 분석을 했어요. 그랬더니 겨우 며칠 만에 변화가 일어났어요. 처음에는 없었던 유기 분자들이 생겨난 거예요. 그 유기 분자를 분석해 봤더니 아미노산이 포함돼 있었죠. 아미노산이 뭐예요? 모든 생명 현상을 담당하는 단백질을 구성하는 물질이잖아요.

이재성 혹시 실험 기구에 구멍이 뚫렸던 건 아니죠?

장수철 그래서 아미노산이 외부에서 유입됐다? 좋은 추론이에요. 그런데 그렇지는 않았어요. 여러 번 실험으로 확인된 결과거든요. 어쨌든 2008년에 이 실험을 다시 했어요. 스탠리 밀러의 실험이 1953년에 있었으니 55년이 지난 다음에 똑같이, 그러나 훨씬 발달되고 정교한 기구로 실험해서 결과를 다시 분석했어요. 밀러의 제자였던 제프리 배더(Jeffrey Bada)가 주도했죠. 그랬더니 아미노산의 종류가 20가지가 넘게 발견됐고, 그 양도 두 배나 많이 검출됐어요. 1953년 실험 때는 아미노산 종류가 다섯 가지였거든요. 어쨌든 밀러의 실험 결과는 최신 기술로 다시 확인된 셈이죠.

외계 유입설

장수철 20세기 중반 무렵, 과학자들 사이에 초기 지구에서 유기 분자가 어떻게 만들어지는지 규명하기 위한 경쟁이 아주 치열했습니다. 그 경쟁은 운석에 묻은 물질을 분석하는 연구로 옮겨 붙었죠. 1969년에 오스트레일

그림 6-3 머치슨 운석 1969년 오스트레일리아의 머치슨에 떨어진 대형 운석이다. 마그네슘, 알루미늄, 칼슘 등의 무기 물질 뿐 아니라 유기 화합물도 포함하고 있다. 이 운석에서 처음으로 지구 밖 유기 물질이 발견되었다.

리아 머치슨(Murchison)에 떨어진 운석에서 많은 종류의 아미노산이 검출됐거든요. 컬럼비아 대학교의 로널드 브레슬로(Ronald Breslow) 교수가 그 운석을 분석했습니다.

생명체를 구성하는 아미노산의 가짓수가 20가지인데, 운석에서 발견된 아미노산의 종류는 훨씬 더 많았어요. 이 머치슨 운석에는 인지질도 있었죠. 세포를 둘러싸고 있는 얇은 기름 막, 즉 세포막이 인지질로 이루어져 있어요. 그러니까 세포를 이루고 있는 단백질, 단백질의 원료가 되는 아미노산, 세포를 둘러싸고 있는 인지질 이런 것들이 운석에 묻어서 온 거예요. 무슨 의미일까요? 꼭 생명체가 아니더라도 아미노산은 지구 바깥에서도 만들어질 수 있다는 이야기 아니겠어요? 지구라고 하는 행성의 조건이 아주 특별해서, 다른 데서는 절대로 일어나지 않을 화학 반응이 지구에서만 일어나는 게 아니라는 뜻이죠. 지구 외에 우주의 다른 조건에서도 아미노산이나 인지질 같은 것들이 얼마든지 생길 수 있다는 거예요. 심지어 제임스 왓슨(James D. Watson)과 함께 DNA를 발견한 영국의 분자 생물학자 프랜시스 크릭(Francis H. C. Crick)은 생명체가 외계에서 유래했을지도 모른다고 이야기했어요. 과학계를 발칵 뒤집어 놓은 주장이었죠.

이재성 운석에 묻어온다고요? 묻어오는 거예요, 운석 자체에 그런 성분이 있는 거예요? 묻어 있으면 대기권으로 들어오면서 다 타 버리지 않을까요? 그냥 묻어오는 게 아니라 아미노산 등등이 운석 자체를 구성하고 있는 거 아니에요? 참, 운석은 무생물이잖아. 어떻게 되는 거예요?

장수철 운석을 겉만 분석하지는 않죠. 당연히 깨서 그 안쪽도 분석을 합니다. 운석이 처음부터 그 크기는 아니었을 거예요. 겉에만 묻어 있다가 그런 알갱이들이 모여 합성된 다음에 안으로 들어갈 수도 있어요.

이재성 그럼…… 그 안에서 질식해 죽지 않아요?

장수철 생명체라야 질식을 하지.

이재성 아…….

장수철 기름 덩어리를 생물이라고 안 하잖아요. 예를 들어, 열심히 근육 운동을 하고 나서 근육을 강화하고 단백질 보충하려고 단백질 음료를 마시잖아요. 단백질 음료가 생명체인가요?

해저 열수구 가설

장수철 한번 생각해 보세요. 운석이든 어디든 아미노산이나 지질 덩어리가 있다고 해서 세포가 그냥 만들어질까요? 아니죠. 오파린이 주장했던 지구 초창기의 원시 대기만으로는 아무래도 부족한 것 같다는 이야기들이 나오기 시작해요. 이른바 생명체의 재료가 되는 분자들이 굳이 대기에만 있었겠느냐 하는 의구심이 들었던 것이죠. 그래서 초창기 지구의 물속에 있는 열수구(hydrothermal vent), 즉 몇 킬로미터에 이르는 해저 지각에서 뜨거운 물이 스며 나오는 곳에 에너지가 풍부하게 공급됐을 것이다. 일명 블랙 스모커(black smoker)라고도 부르는 열수구에서 섭씨 300도 내지는 400도 정도 되는 뜨거운 물을 분출하면서 생명체가 생겨났을 가능성이 있다는 거예요. 그래서 조사를 해 봤는데 너무 뜨거워서 세포 같은 것들이 만들어지기는 불가능해 보였죠.

그런데 다른 종류의 열수구가 주목을 받습니다. 계속된 마그마 활동과 지각 활동의 결과, 마그마가 덩어리져서 조그만 산 같은 것들이 생기고 이것들이 열수구에서 조금씩 밀려나게 되었어요. 열기가 식으면서 점점 덩치가 커졌죠. 그래서 마치 전설의 도시 아틀란티스가 가라앉아서 만들어진 것처럼 생겼다고 해서 '잃어버린 도시(lost city)'라는 이름이 붙었어요. 바닷속 깊이 이렇게 산 같은 구조물이 생기고, 온도가 섭씨 40~90도인 이곳에서 pH가 알칼리성인 것들이 뿜어져 나왔어요. 원시 지구 때는 바닷물이 산성이었거든요. 화학 반응이 일어나기 좋게 촉매 역할을 하는 미네랄이 여기서 많이 생겼죠. 철, 황 화합물, 철 화합물 이런 것들이 풍부하고 탄화수소를 가지고 있어요. 바위에는 아주 작은 공간들이 있는데, 초기에는 이게 세포 비슷한 역할을 했을 수도 있다고 봅니다. 잃어버린 도시, 즉 해저 알칼리 분출구(deep-sea alkaline vent)가 초기 생명체 형성에 산파 역할을 했을 거라고 추정했죠.

해저 알칼리 분출구의 pH가 알칼리성이고, 그 당시 바다가 산성이었다는 말은, 한쪽의 양성자(H^+, proton) 농도가 다른 쪽의 양성자 농도보다 1만 배, 10만 배 된다는 뜻이에요. 그러면 농도 차이가 있어서 애네들이

아주 명쾌한 진화론 수업

움직였을 거예요. 물질은 농도가 높은 곳에서 낮은 곳으로 이동하잖아요. 세포 비슷한 기능을 하는 미세한 공간을 드나들 거라고요. 어디서 많이 들어 본 이야기 같지 않아요?

이재성 삼투압.

장수철 삼투압 말고. 화학 삼투! 미토콘드리아에서 양성자 농도가 높은 데서 낮은 데로 이동하는 확산력을 이용해서 ATP(adenosine triphosphate, 아데노신삼인산)를 만들잖아요. 그런 초기부터 ATP를 만들지는 않았겠지만, 그런 에너지를 만드는 원천으로서 양성자 농도의 차이가 생기는 환경이 만들어졌을 거예요.

이재성 그래도 뭔가 막 같은 게 있어야 하지 않을까요?

장수철 무기 화합물이나 철 화합물 같은 것들이 모여 작은 공간에서 아주 강하지 않지만 약한 막으로 작용했을지도 모른다고 하더라고요. 이때부터 에너지를 만드는 대사 기능도 가능해지고 원시 세포의 형태도 갖추어지고……. 그래도 아직 갈 길이 멀어요. 그럼 바닷속 깊은 데서 생긴 이런 세포 비슷한 구조가 진짜 인지질로 둘러싸인 세포로 될 때까지 어떤 과정을 겪었을까요? 아직까지 확답을 못 하고 있어요.

이재성 아직도 모르는 거죠? 이렇게도 생각하고 저렇게도 생각하고.

장수철 네. 아미노산이 만들어지고, 뉴클레오타이드 같은 것들이 만들어졌는데, 이런 것들이 모여서 어떻게 거대 분자가 형성됐느냐 이게 관건이겠죠. 당시 조건대로 시뮬레이션을 해 봤어요. 예를 들어, 뜨거운 모래나 진흙, 바위 위에서 농축되면 어떻게 되는지 실험을 해 본 거죠. 그랬더니 아미노산이 서로 결합해서 단백질이 되거나 뉴클레오타이드가 수십 개, 수백 개씩 결합하여 RNA 분자가 되는 현상이 관찰됐어요. 그래서 무기물에서 단순한 유기물이 생기고, 단순한 유기물이 생기면 이것들끼리 서로 만났을 때 복잡하고 큰 분자의 합성이 일어날 가능성이 크다고 생각했죠. 이를 구현해 낸 실험들이 많이 있습니다.

RNA 세상 가설

장수철 유전 물질인 DNA가 먼저 생겼을까요, 아니면 주로 생명 활동을 담당하는 단백질이 먼저일까요? 최초의 생명체가 어떻게 탄생하고 어떻게 만들어졌는지 고민하고 있는데 난관에 봉착했어요. DNA 뉴클레오타이드가 합성되려면 효소가 있어야 돼요. DNA를 구성하는 뉴클레오타이드를 붙여 주는 게 효소거든요. 효소가 뭐죠? 단백질이란 말이에요. 단백질이 만들어지려면 DNA의 유전 정보에 따라서 아미노산이 순서대로 붙어 줘야 합니다. 그러니까 단백질이 만들어지려면 DNA가 있어야 하고, DNA가 존재하려면 그걸 만드는 단백질이 있어야 하고, 서로가 서로를 필요로 하는 거예요. 딜레마에 빠질 수밖에 없죠. 논리적으로 물고 물리는 상황인지라 돌파하기가 쉽지 않았어요.

그런데 과학자들이 희한한 현상을 발견했어요. 바이러스는 생물과 무생물의 경계에 있는데, 동물을 숙주로 하는 바이러스의 경우, 유전체로 DNA 대신 RNA를 가진 놈들이 많은 거예요. 그러니까 RNA가 유전 물질 역할을 하는 거죠. 몇몇 생물의 경우에는 RNA를 전사하는 과정에서 RNA가 스스로를 절단하는 것이 알려졌죠. 또, 대부분의 생물에서는 아미노산이 연결되는 펩티드 결합에 RNA가 관여하는 등 마치 효소처럼 촉매 작용을 한다는 것을 발견한 거죠. RNA가 단백질처럼 기능을 하는 거예요. 그래서 나온 이야기가 RNA 세상(RNA World)이라는 가설입니다. 이 가설에 따르면, 처음에는 RNA만 있으면 돼요. RNA는 DNA처럼 유전 정보를 저장하기도 하고, 단백질처럼 효소 작용도 하니까요. 그러다가 단백질이 생겨나고 화학 구조적으로 다양한 종류의 단백질이 만들어지면서 RNA로부터 효소의 기능을 넘겨받아요. 그런데 완전히 넘겨주지 않아서 리보자임 같은 효

그림 6-4 마이크로스피어 원시 지구의 조건에서 생성된 구형의 원시 세포 전구체.

소의 역할이 RNA에게 남아 있는 거예요. DNA는 RNA를 구성하는 당 구조물에서 돌연변이가 생겨 산소 하나만 빠진 것들이 결합해 생겼을 거예요. DNA는 RNA처럼 변형이 쉽게 일어나지 않습니다. 안정성이 크죠. 그래서 유전 물질로 채택됐을 거예요.

사실, 단백질이 하는 일이 굉장히 많은데, 예를 들어 RNA로부터 일정한 기능을 넘겨받아 효소 역할도 하고, 물질대사 관련 역할도 많이 했을 겁니다. 그다음에 RNA로부터 DNA라는 돌연변이가 생겨나면서 DNA가 유전 정보를 담아 그 유전자를 복제해서 다른 세포에 넘겨주면 이제 비로소 번식이 되는 겁니다. 그런데 이런 것들이 그냥 물에 퍼져 있어서 서로 만나지 않으면 아무 소용이 없겠죠. 그런데 이 분자들이 인지질처럼 쉽게 합성되는 물질이 뭉쳐서 형성하는 기름 덩어리와 만나 그 안으로 들어가고, 그래서 제한된 공간 속에서 유전자 기능도 하고 대사도 일어났을 거예요. 또 이후에 필요한 기능들을 하나둘 획득해 갔겠죠. 그러면서 비로소 세포가 되었을 거예요. 아주 원시적인 형태의 세포죠. 인지

질로 이루어진 작은 막 구조, 즉 소포(vesicle)에 RNA와 몇몇 단백질이 들어가면서 이제 이른바 원시 세포의 역할을 했을 것이다. 이렇게 보고 있어요.

이재성 증거는 없나요? 과학인데…….

장수철 몇 가지 실험과 관찰이 있어요. 지구 탄생 초기에 화산 활동으로 분출되는 것이 여러 가지 있었어요. 대표적인 게 몬모릴로나이트(montmorillonite)라고 하는 일종의 진흙 성분이에요. 몬모릴로나이트는 화산재에 많이 포함되어 있어요. 몬모릴로나이트와 함께 기름 방울을 배양하면 기름 덩어리가 많이 생기고, 즉 분열하고 그 안에 RNA가 들어가는 것도 가능했어요. 이런 방식으로 단백질까지 기름 덩어리 안으로 들어오게 되었을 것이고 그랬다면 원시 상태의 세포가 생겼을 거라고 추정하고 있죠. 그러니까 마이크로스피어(microsphere)라는 원시 세포의 원형에 해당하는 작은 공 모양의 물질이 생기고, 원시 세포가 생기고, 그다음에 원핵세포 (prokaryotic cell)가 생겼을 것이다. 그렇게 시간이 지나 38억 년 전 이후에 지구 최초의 생명체가 출현했을 거라고 봅니다.

최초의 화석은 서호주의 에이펙스 처트(Apex Chert)에서 발견되었는데 35억 년 된 것으로 추정하고 있어요. 세균 세포처럼 생긴 것만 보고 이게 진짜 생명체의 화석인지 의심할 수도 있을 텐데, 여기서 탄소 성분이 나왔어요. 살아 있는 세포가 탄소를 받아들이면 ^{12}C와 ^{13}C이 일정한 비율로 유지돼요 그런데 세포가 죽으면 ^{13}C의 양이 점점 줄어들어요. 그래서 탄소의 방사선 동위원소 비율이 어떻게 변했나 관찰하고 나서, 이게 생명체였을 가능성이 크다고 판단한 거예요. 얼마나 어려운 작업이었겠어요? 일단, 저 화석이 크겠어요? 크지 않죠. 35억 년 된 암석을 그야말로 쪼개고 쪼개 현미경으로 살펴보다가 탄소 성분을 발견하고는 거기에 아

아주 명쾌한 진화론 수업

주 조금 남아 있는 탄소의 동위원소를 분석한 거예요. 현존하는 세균과 비교하니 세포의 전형적인 크기와 비슷하고, 모양도 비슷하고……. 결국 최초의 생명체 중의 하나였을 것이라고 결론을 내렸죠.

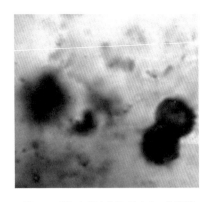

그림 6-5 최초의 생명체 중 하나라고 추정하는 화석. 35억 년 전의 암석에서 발견되었다.

지금까지 생명체의 탄생을 이야기했어요. 여기저기 구멍이 많죠? 앞으로 입증해야 할 것도 상당히 많고. 이걸 규명하려고 목숨 걸다시피 실험하고 연구하는 사람들이 무척 많아요. 연구진끼리 경쟁이 말도 못하게 심하죠. 아까 화석이 발견된 바위의 연대를 둘러싼 논란도 많았어요. 32억 년 전이니, 34억 년 전이니 하면서 말이죠. 어떤 사람은 39억 년 된 암석에서 추출한 탄소의 흔적으로 최초의 생명체는 39억 년 전에 출현했다고 주장하기도 합니다. 어쨌든 현재는 아까 봤던 35억 년 된 암석의 화석이 최초의 생명체가 출현한 증거라고 의견이 모이는 것 같아요.

수업이 끝난 뒤

이재성 오늘 나온 내용을 정리 좀 해 볼게요. 처음에 아무것도 없는 상태에서 작은 유기 물질이 생겼잖아요. 이 유기 물질들이 이제 합성을 해요. 물에 떠다니다가 결합해서 만들어지는 게 아미노산이에요?

장수철 네. 아미노산이나 단순한 당, 포도당 같은…….

이재성 원시 유기 물질이 아미노산 등등으로 만들어졌어요. 그다음엔 어떻게 돼요?

장수철 뜨거운 모래나 아니면 바위 위 그런 데서 서로 만나 커다란 분자, 즉 거대 분자가 만들어져요.

이재성 그럼 다시 정리! 조그만 유기 물질들이 합성해서 아미노산, 포도당 같은 게 만들어져요. 그다음에 이런 것들이 섭씨 40~90도쯤 되는 따뜻한 곳에서 거대한 덩어리가 돼요. 아직까지는 생물이 아니죠? 그다음은요?

장수철 인지질은 쉽게 생기는 거니까……. 그 인지질이 파도가 치면 바다 위에 골고루 퍼졌을 것이고, 퍼지다 보면 거대 분자들과 만나게 되겠죠. 중요한 건 이 거대 분자가 인지질 안으로 들어가야 된다는 거예요.

이재성 인지질로 쏙 들어가서 보호를 받겠네요.

장수철 그 인지질 안에 RNA가 들어갈 수도 있고.

이재성 RNA는 어디에 있어요?

장수철 바다에 떠다녔을 거예요.

이재성 아까 아미노산이나 포도당 그런 것과 같은 종류예요? 아미노산, 포도당, RNA 이런 것들이 따로 있는 거예요?

장수철 네. 녹말은 포도당이 모여서 된 거잖아요. 그런 식으로 단백질은 아미노산이 모여서 된 거고, RNA는 뉴클레오타이드가 모여서 된 거고요. RNA는 염기 구성이 A, T, G, C가 아니라 A, U, G, C예요. 생명체 내에서는 이 염기와 인산, 리보스가 합쳐져 뉴클레오타이드가 만들어지지만, 지구에서 최초로 뉴클레오타이드가 만들어질 때는 2-아미노옥사졸(2-Aminooxazole)이라는 중간 형태가 생겨난 후 이게 모여서 뉴클레오타이드가 만들어졌다고 해요. 최근에 발표된 연구 결과입니다. 이런

아주 명쾌한 진화론 수업

RNA 뉴클레오타이드가 뜨거운 바위 위나 모래 위에서 서로 만나 여러 개가 붙어요. 그럼 하나의 RNA 분자가 되는 거죠.

이재성 다시 정리하면 아미노산, 포도당 등이 한 덩어리가 되고 그게 인지질 안으로 쏙 들어갔어요. 그리고 염기, 인산, 리보스 당이 중간 단계의 이상한 형태로 결합한 것이 뉴클레오타이드인데, 이게 따뜻한 곳에서 여러 개 붙으면 RNA 분자가 돼요. 이 상태에서 아미노산으로 이루어진 단백질과 포도당이 있는 인지질 안으로 들어가는 거예요? RNA 분자가?

장수철 네. 단백질들은 여러 기능이 있겠죠. 그중에는 에너지를 만드는 놈, 세포의 성분을 만드는 놈들도 있을 테고.

이재성 RNA는 효소 역할도 하면서.

장수철 그러다가 거기서 돌연변이가 생겼는데, RNA가 있고 DNA도 있는 것들이 생기는 거죠.

이재성 DNA는 RNA가 돌연변이 된 거예요?

장수철 맞을 것 같아요. RNA가 만들어지는 과정에서. 그런데 RNA와 DNA의 차이는 가운데에 있는 오탄당에서 2번 탄소가 OH냐 H냐 이 차이예요. 합성될 때 산소가 잘 들어가지 않은 상태에서 데옥시리보스가 만들어지는 건 충분히 가능했을 겁니다.

이재성 어쨌든 인지질 안에 단백질과 쏘노닝이 들어가고, RNA 분자가 들어가서 아마 자기 복제도 하고 효소 역할을 하다가 돌연변이인 DNA가 만들어졌어요. 그럼 인지질 안에는 RNA, DNA, 포도당, 단백질이 있는 거예요. 그다음에 어떻게 돼요?

장수철 RNA는 리보스에 산소 분자를 가지고 있어서 여러 개의 뉴클레오타이드가 붙지 못한다고 해요. 잘해야 수백 개밖에 못 붙어요. 그러다가 만약 실수로 리보스 대신 데옥시리보스가 만들어지면 길고 안정적인 이

중 나선인 DNA가 생기는 거예요.

DNA는 이중 나선을 만들잖아요. 이중 나선은 유전 정보가 두 개 있는 거나 마찬가지예요. 그래서 어느 한쪽이 고장 나더라도 나머지 한쪽이 백업하기 때문에 구조를 유지할 수 있습니다. 그러니까 DNA를 가진 세포 비슷한 놈들은 자기 복제를 하면서 동일한 DNA를 가진 것들을 만들겠죠. 점점 그 개수가 늘어날 거예요. 그런데 RNA를 가지고 있는 것들은 실수가 조금씩 일어나 똑같은 놈들이 상대적으로 적게 생겨요. DNA를 잘 만들 수 있는 단백질 시스템을 가진 것들과 에너지를 안정적으로 만들어 내는 효소 시스템을 가진 것들이 훨씬 유리하겠죠. 원시 세포가 만들어진 다음부터는 자연 선택에 따른 진화가 이루어집니다.

이재성 오케이. DNA까지 만들어지면 그게 원시 세포예요?

장수철 복제가 안정적으로 이루어진다는 측면에서 DNA가 있으면 원시 세포라고 할 수 있어요. 세균 같은 건 아직 본격적으로 나타나기 전이니까.

이재성 RNA가 변이를 일으켜서 DNA가 되는 순간부터 이제 생명체라고 봐도 되나요?

장수철 인지질 막 안에 다른 여러 분자가 있을 거라고요. 그중에서 에너지 공급이 원활한 세포가 있을 테고, 적응을 잘한 세포들이 살아남는 선택 과정이 일어나겠죠. 이제 생명체의 탄생까지는 끝났어요.

이재성 시간이 얼마나 흐른 거예요?

장수철 원시 세포까지 했으니 38억 년 전에서 35억 년 전까지 왔어요.

이재성 3억 년밖에 안 지났어요? 앞으로 몇 억 년이나 더 가야 돼요?

아주 명쾌한 진화론 수업

화석 증거로 과학수사 하기

: 진화의 역사 1

화석을 연구해 보면 생물의 진화 과정은 한꺼번에 일어나는 게 아니라 작은 변화가 조금씩 축적된 결과라고 봐야 합니다. 생물학자나 지질학자는 대진화를 설명하면서 '그랜드 캐니언이 어디 하루아침에 생겼겠느냐'는 비유를 사용하곤 합니다. 단순히 아주 긴 기간 동안 반복되어 흘러가는 물줄기에 땅이 파이고 파여 그랜드 캐니언 같은 엄청난 협곡이 만들어지듯이, 소진화의 축적이 드라마틱한 '대진화'적 변화를 이끌어내는 거예요.

화석 기록

장수철 화석이 언제 만들어졌는지는 어떻게 알 수 있을까요? 화석이 얼마나 오래됐는지 알려면 방사성 연대 측정법을 사용합니다. 화석이 들어 있는 암석에 함유된 원소 또는 동위원소의 반감기를 분석해 화석 연대를 측정하죠. 예를 들어, 우라늄(^{238}U)이 붕괴되면 납으로 변하는데, 반감기가 약 45억 년입니다. 우라늄을 부모 동위원소(parent isotope), 납을 딸 동위원소(daughter isotope)라고 하거든요. 딸 동위원소와 비교해 부모 동위원소가 얼마나 남아 있는지 분석해서 화석이 들어 있는 암석이 몇 년이나 됐는지 추정하죠.

동위원소의 반감기는 원소마다 다릅니다. 우리가 흔히 볼 수 있는 ^{14}C가 ^{14}N으로 변합니다. 탄소의 반감기는 5,700년이에요. ^{14}C와 ^{12}C의 비율을 알고 어떤 암석이나 화석 근처의 내용물 중에 남아 있는 ^{14}C와 ^{12}C의 비율을 분석하면 이것이 얼마나 오래됐는지 추정할 수 있어요. 탄소는 비교적 반감기가 짧아서 화석에 생물의 사체 시료나 유기 물질이 남아 있을 때 주로 활용합니다.

이재성 고등학교 때 들어본 것 같아.

장수철 암석의 자성을 가지고도 연대 측정이 가능합니다. 암석은 자성이 자꾸 바뀐다고 해요. 남극과 북극이 서로 바뀌는 것이죠. 바뀔 때마다 암석에 그 기록이 남는대요. 그걸 추적해서 특정 화석이 있는 암석의 연도를 측정할 수 있습니다.

여러 주장이 있지만 앞에서 살펴본 것처럼 지구가 탄생해서 지금으로부터 38억 년 전에 생명체가 출현했다고 보고 있죠. 생물학적으로는 소행성의 폭격이 사라져 생명의 탄생과 생존에 더 유리해진 38억 년 전부터 지구 대기에 산소가 급격히 증가하기 시작하는 25억 년 전까지를 시생이언(Archaean eon)이라고 합니다. 사실 시생이언의 정의와 해당 시기는 의견이 분분한데, 최근에 지질학에서는 지구 열류가 컸던 40억 년 전부터 25억 년 전까지로 규정하고 있어요. 이언은 지질 시대를 구분하는 가장 큰 단위예요. 지구 탄생부터 시생이언 전까지를 명왕이언(Hadean eon), 시생이언 이후부터 복잡한 형태의 생물이 출현하는, 그러니까 25억 년 전부터 5억 4100만 년 전까지가 원생이언(Proterozoic eon)으로 이때 진핵세포가 출현해요. 그다음부터 캄브리아기(Cambrian period)가 시작되거든요. 캄브리아기는 현재 우리가 볼 수 있는 38개의 문(門, phylum)에 해당하는 동물들이 한꺼번에 출현하는 시기예요. 이 캄브리아기로부터 현재까지를 현생이언(Phanerozoic eon)이라고 하죠. 현생이언은 크게 고생대(Paleozoic era), 중생대(Mesozoic era), 신생대(Cenozoic era)로 나눠요. 그런데

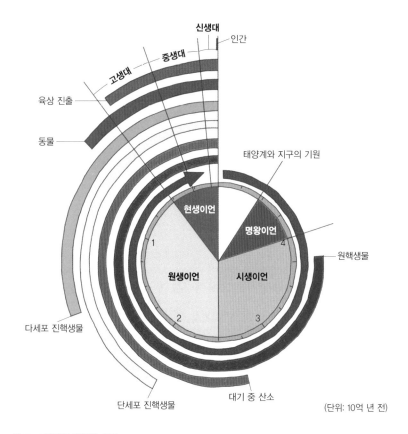

신생대

인간

중생대

고생대

육상 진출

동물

태양계와 지구의 기원

현생이언

명왕이언

1

4

원핵생물

원생이언

시생이언

2

3

다세포 진핵생물

단세포 진핵생물

대기 중 산소

(단위: 10억 년 전)

그림 7-1 진화의 역사적 순간

고생대, 중생대, 신생대는 무엇으로 구분할까요? 많은 경우 대멸종과 관련하여 그 시기에 나타난 동식물로 나눕니다. 고생대는 캄브리아기부터 시작하는데, 이때부터 물속에 살던 일부 생물들이 육상으로 진출하기 시작합니다. 육상에 사는 생물이 많아졌다는 이야기죠. 그리고 약 2억 5200만 년 전에 있었던 대규모 멸종으로 고생대는 막을 내립니다.

중생대와 신생대의 구분은 우리가 잘 알고 있어요. 공룡이 멸종되는

6500만 년 전이 중생대가 끝나고 신생대가 시작되는 시점이에요. 신생대는 사실상 포유류의 세상이 시작된 거예요. 중생대는 대형 파충류인 공룡이 주름잡던 시대고, 고생대는 포유류의 조상과 파충류의 조상이 각축을 벌이고 양서류가 뜨던 시대였죠. 고생대도 캄브리아기, 오르도비스기(Ordovican period), 실루리아기(Silurian period), 데본기(Devonian period), 석탄기(Carboniferous period), 페름기(Permian period) 이렇게 여섯 개의 시기로 나누는데, 이 역시도 나누는 기준이 생물의 대멸종이 일어난 시기예요. 한 번씩 싹쓸이가 일어나면서 판이 뒤집어지는 셈이죠.

진화의 역사를 다이어그램으로 다시 구성해 봅시다. 45억 6780만 년 전, 이때 태양계와 지구가 만들어졌고, 최초의 원핵생물은 약 38억 년 전에 출현해서 35억 년 전에 화석으로 발견됐어요. 그리고 물속에 광합성 세균이 생겨 산소가 만들어지다가 27억 년 전부터 22억 년 전까지 대기 중에 산소가 급격히 늘어나죠. 단세포 진핵생물이 생기고 좀 지나서 다세포 진핵생물이 나타나기까지는 생각보다 오래 걸렸어요. 5억 4100만 년 전부터 동물의 종류가 엄청나게 많아지거든요. 그 즈음부터 눈에 띌 만한 다세포 생물들이 등장합니다. 고생대, 중생대, 신생대에는 화석도 많이 발견됩니다.

지금까지 진화의 역사를 개괄적으로 훑어봤어요. 이제 대진화와 관련된 굵직굵직한 사건들을 하나하나 살펴볼게요.

산소 혁명

장수철 유기 분자가 만들어지는 것은 생명 현상하고 관련이 깊어요. 광합성은 이산화탄소를 흡수해서 에너지가 풍부한 당으로 만드는데, 이 과정에서 물 분자를 쪼개 수소와 산소로 분해하고 그 산소 원자들이 만나서 산소 분자를 만듭니다.

원시 지구에서 광합성은 누가 했을까요? 그 당시는 식물도 없었는데……. 그 당시 생물은 전부 물속에서 살았어요. 그중에서 어떤 놈들이 산소를 만들어 내기 시작했는데, 바로 광합성을 하는 세균이죠. 시생이언 때 활약한 광합성 세균 덕분에 물속에 산소가 자꾸 생기겠죠? 그런데 그 당시 물속에 용해된 철 성분이 많았대요. 물속의 철이 산소와 결합하면 침전돼요. 이 과정이 반복되다가 어느 순간부터 철도 다 소모되고, 물속의 산소 농도가 점점 짙어지면서 거의 포화 상태에 이르게 되었죠. 이제 산소는 미어터질 듯한 물속에서 어디로 갔을까요?

이재성 물을 벗어났겠죠. 공기로…….

장수철 그렇게 27억 년 전부터 시작해서 22억 년 전까지 대기의 산소 농도가 급격히 증가합니다. 5억 년 사이에 1만 배가 늘어난 셈이죠. 이 기간에 이렇게 산소가 급증한 것을 산소 혁명(oxygen revolution)이라고 해요. 22억 년 전부터 다시 정체됐다가 약 6억 년 전부터 5억 5000만 년 전 사이에 또 10배가량 증가하죠. 이때가 동물이 엄청나게 늘어나기 직전이에요. 캄브리아기 바로 직전 에디아카라 화석군(Ediacara fauna)이 형성되던 시기였어요.

생물이 살아가려면 에너지원으로 ATP가 있어야 하는데, ATP를 만들려면 포도당을 비롯한 당류, 지방이나 단백질을 소모해야 하죠. 거기서 에너지를 가져다 쓰려면 산소가 전자를 끌어당겨야 돼요. 산소를 마셔야 이 산소가 전자를 끌어당기고, 그래야 섭취한 음식으로부터 에너지원인 ATP를 만들거든요. 산소가 있을 때가 그렇지 않을 때에 비해 16배 정도

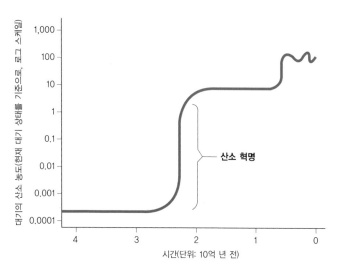

그림 7-2 산소 혁명

더 많이 ATP를 합성합니다.

이재성 산소가 없었을 때 생물들은 어떻게 살았을까요?

장수철 아마 그때는 세균들이 산소가 아니라 아황산가스(SO_2), 이산화질소(NO_2)를 이용해서 전자를 끌어당겼을 거예요. 당시 세균에게 산소는 일종의 독가스 같은 존재였을 겁니다. 아황산가스와 이산화질소로 에너지를 만들면서 살아 온 세균들의 입지가 상당히 줄어들 수밖에 없었죠. 물속에 산소의 양이 점점 늘어나면서 바다 깊숙이 들어가거나, 아니면 육상으로 나와 산소가 없는 곳으로 옮겨 갔을 거예요.

이재성 산소가 늘어난 이유는 빛을 이용해 광합성을 하는 세균들이 우연히 생겼기 때문이죠? 광합성을 하다 보니 물을 분해하게 되고, 그래서 산소 분자가 만들어지고…….

장수철 그렇게 물속의 산소 농도가 높아지다가 포화 상태에 이르렀고, 더 이상 산소가 물에 용해되지 않으니 물 바깥으로 퍼져 나가게 되었어요. 밀려난 셈이죠.

이재성 과포화 상태인가요?

장수철 그렇죠. 광합성 세균에 의해서 산소가 만들어졌고, 그 당시에 산소 없이도 잘 살아가던 혐기성 세균, 다시 말해 산소를 싫어하는 세균들이 엄청나게 피해를 입었어요. 그래서 생태계가 완전히 바뀝니다. 물속의 산소 농도가 포화 상태라는 것은 물속에서 산소를 이용해 살아가는 생물들이 크게 늘어났다는 뜻이에요. 한편, 광합성을 통해 스스로 에너지를 만들고 유기 분자가 많이 생겨나니까 이걸 먹고 사는 생물이 점점 늘어났어요. 서로 먹고 먹히는 포식-피식 관계가 더욱 활발해지는 거예요. 이때까지는 단세포 차원에서 그런 일들이 벌어졌습니다.

내부 공생

장수철 서로 먹고 먹히는 와중에 소화 불량에 걸리는 세균도 생기지 않았을까요? 이런 질문에서부터 내부 공생설(endosymbiotic theory)이 시작되는 거예요. 내부 공생설 하면 미국의 여성 미생물학자 린 마굴리스(Lynn Margulis)를 먼저 떠올리죠. 미생물 사이의 공생 관계가 진화의 원동력이었다고 주장한 사람이에요. 미토콘드리아와 엽록체의 조상에 해당하는 세균들이 그 밖의 다른 세균한테 잡아먹혔는데, 소화가 되기 전에 얘네들 사이에 상호 작용이 일어난다고 했죠. 마굴리스 전부터 독일의 식물학자 안드레아스 심퍼(Andreas F. W. Schimper)와 러시아의 식물학자 콘스탄틴 메레스코프스키(Konstantin Mereschkowsky)가 꾸준히 제기해 왔던 주장이에요.

　지난 시간에 원핵세포 화석이 나왔죠? 35억 년 전에 형성된 거라고 추정하고 있어요. 오늘 이야기할 것은 21억 년 전에 출현했을 것으로 추정하는 진핵세포예요. 현존하는 가장 오래된 진핵세포 화석은 18억 년 전의 것이죠. 그런데 진핵세포가 어느 날 갑자기 생기진 않았겠죠. 이놈도 역사적 산물이 아닐까요? 진핵세포 전에는 원핵세포밖에 없었고, 원핵세포 전에는 원시 세포가 있었고, 그 전에는 원시 세포를 구성하는 유기분자가 있었을 테고, 그보다 전에는 유기 분자고 뭐고 아예 없었고……. 마찬가지로 진핵세포 역시 기존에 있던 원핵세포들 사이에 진행된 상호작용의 결과로 생겨났을 거예요.

　미토콘드리아와 엽록체 등의 피식 세포를 잡아먹는 과정에서 완전히 소화되지 않은 채 포식 세포와 상호 작용이 일어나면서 공생 관계가 이루어지는 겁니다.

　진핵세포 내부에는 미토콘드리아, 엽록체 말고도 소기관이 많아요. 핵, 조면소포체, 활면소포체, 골지체, 수송소포, 리소좀 등인데 이들은 어떻게 생겨났을까요? 현재까지 가장 유력한 학설은, 바깥에 막이 단순하게 있었는데 이놈들이 접혀서 안으로 들어갔다고 보고 있어요. 우선 잠깐 세포의 크기를 살펴보죠. 세포가 두 개 있는데, 한쪽이 다른 쪽을 잡아먹는다고 해 봐요. 대개 덩치가 큰 놈이 작은 놈을 먹겠죠? 그런데 몸집이 크면 문제가 되는 게 '단위 부피당 표면적'이 줄어들어요.

이재성 그게 무슨 말이에요?

장수철 예를 들어 설명해 볼게요. 한 변의 길이가 1인 정육면체의 부피는 얼마죠?

이재성 $1 \times 1 \times 1$이니까 1이네요.

장수철 표면적은?

이재성 1×1이 여섯 개니까 6.

장수철 그렇죠. 그럼 부피분의 표면적은?

이재성 1분의 6.

장수철 맞아요. 그런데 한 변의 길이가 5라고 하면 부피는 5×5×5이고, 표면적은 5×5×6이에요. 그러면 부피분의 표면적은 5분의 6, 즉 1.2예요. 그런데 좀 전에 한 변의 길이가 1이었을 때는 부피분의 표면적이 6이었는데, 한 변의 길이가 다섯 배 늘어나니까 그 6이 1.2로 줄어든 거예요.

이재성 표면적을 부피로 나누는 게 왜 중요해요?

장수철 이게 무슨 이야기냐 하면, 세포가 크면 작은 놈을 잡아먹는 데는 유리해요. 아무래도 덩치 큰 놈이 더 세겠죠. 그런데 이 부피를 유지할 만큼 외부 물질을 교환할 수 있는 표면적이 확 줄어드는 거예요.

이재성 무슨 말인지 도무지…….

장수철 예를 들어, 아이들은 아파트 10층 높이에서 떨어져도 안 죽는 경우가 가끔 있는데, 어른들은 예외 없이 죽어요.

이재성 무거우니까.

장수철 단위 표면적당 부피와 관련 있어요. 즉, 몸이 골고루 성장한 어른의 경우 단위 면적의 피부당 무게가 커서 충격량이 증가하는 거죠. 다른 예를 들어 보자고요. 만약 생쥐가 코끼리만큼 커지면 어떻게 될까요? 밀도가 일정하다고 가정하면 무게는 부피와 비례하니까 세제곱으로 늘어나지만 그 무게를 지탱하는 다리의 표면적은 제곱으로만 늘어나요. 그러니까 다리가 두꺼워져야 하죠. 부피분의 표면적이 그래서 중요합니다. 영화 〈아바타(Avatar)〉를 보면, 나비 족이 사는 행성 판도라는 대기의 압력이 지구와 다르잖아요. 만약 그 나비 족이 지구에서 산다면 다리가 상

아주 명쾌한 진화론 수업

당히 두꺼워야 할 거예요. 물질 수송 측면에서 보면, 세포가 작았을 때는 표면적이 충분히 확보되어 세포에 필요한 만큼 물질들이 드나들었어요. 그런데 세포의 몸이 커졌다고 해 봐요. 단위 면적당 필요한 물질들이 꼭 있어야 하는데, 세포 안팎으로 드나드는 출입문이 확 줄어든 거나 마찬가지

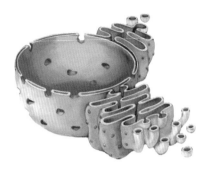

그림 7-3 세포의 표면적을 늘리기 위한 내부 구조

예요. 그러면 세포는 원하는 만큼 물질대사를 못 하고 필요한 만큼 에너지를 못 만들어요. 그만큼 살아가는 데 불리하겠죠. 어떻게든 표면적을 늘려야 할 필요가 생기는 거예요. 그래서 표면적을 최대한 늘릴 수 있는 것들은 세포 내부에 그림 7-3처럼 표면적을 만들어요. 진핵세포는 원핵세포보다 지름이 거의 10배 내지 100배 정도 커요. 그런데 진핵세포의 표면적을 부피로 나누어 보면 세균, 즉 원핵세포보다 훨씬 더 작아요. 그럼 어떻게 되겠어요? 세포 안의 표면적을 늘려서 거기서 물질대사가 일어나는 메커니즘을 만들게 된 거예요.

이재성 일정한 표면적이 있어야 하는데 바깥으로는 안 되니까 안으로 늘려 나갔다? 쉽게 말하면 겉모습은 그대로고 내장에 지방이 쌓이는 거나 같네요. 일종의 내장 지방이야.

장수철 비슷해요. 그러면서 소포체, 핵막 같은 소기관들이 생기는 거예요. 이제 미토콘드리아 이야기로 다시 돌아가야 할 것 같아요. 산소를 이용해 에너지를 만드는 원핵생물은 미토콘드리아의 선조 격이에요. 주변에 있는 산소를 이용해 영양분으로부터 ATP를 아주 효율적으로 만들어 내

는 놈들이죠. 이놈들보다 덩치가 큰 놈은 돌아다니면서 먹이를 잡아먹지만 그러면 뭐 하나. 산소를 이용하지 못하니 포도당 하나마다 ATP 두 개밖에 못 만드는데……. 그러다가 덩치 큰 놈이 미토콘드리아를 잡아먹었는데, 어찌어찌하다가 소화가 안 된 상태에서 미토콘드리아와 같이 상호작용을 해 보니까 나름대로 효율적인 거예요. 미토콘드리아에 먹을 것을 조금만 주고 그놈들의 산소를 이용하면 ATP가 왕창 생겨나거든. 미토콘드리아 입장에서도 유리해요. 자기보다 큰 놈한테 먹히긴 했지만, 그 안에서 유기 분자를 안정적으로 공급받을 수 있으니 팔자 늘어진 거죠.

이재성 그게 내부 공생인가요?

장수철 그렇죠. 누이 좋고 매부 좋은 공생 관계가 형성되는 거예요. 이렇게 되면 덩치 큰 놈들 중에서 미토콘드리아를 잡아먹은 놈과 그렇지 않은 놈이 차이가 나요. 동일한 먹이를 먹고도 미토콘드리아를 잡아먹은 놈이 세포가 이용할 수 있는 에너지인 ATP를 훨씬 많이, 약 16배 더 만드니까요. 아마 미토콘드리아가 먼저 내부 공생을 원했을지도 몰라요. 여하튼 현존하는 진핵세포가 모두 다 미토콘드리아를 가지고 있어요. 사실, 이 소기관이 없는 진핵세포도 있는데, 세포에 남아 있는 여러 증거를 근거로 진화 과정에서 미토콘드리아가 소실되거나 변형된 것으로 간주하죠.

미토콘드리아는 덩치 큰 세포 안으로 들어가 오랫동안 공생하면서 자기 유전자를 핵에 넘겨줘요. 핵의 유전자를 조사해 보면 미토콘드리아에서 일어나는 일을 담당하는 단백질, 즉 전자 전달부터 ATP 합성과 관련된 여러 단백질을 만들어 내는 유전자가 발견되죠. 이건 미토콘드리아가 진핵세포 안으로 들어가서 유전자를 핵과 교환했다는 이야기가 됩니다. 말이 교환이지 미토콘드리아가 일방적으로 핵한테 줘요. 그런데 미토콘

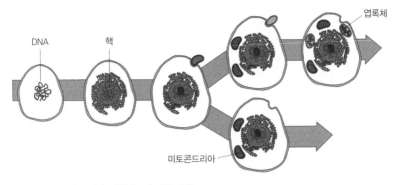

그림 7-4 세포 내 공생설: 진핵세포의 진화 가설

드리아가 없는 진핵생물도 그 유전자가 있어요. 미토콘드리아가 한 번이라도 들어오지 않았으면 그 유전자가 있을 리가 없거든요.

이재성 들어갔다 다시 나왔나 보지.

장수철 맞아요. 들어갔다 오랜 기간에 걸쳐 소실된 걸로 봐요. 그래서 진핵생물, 즉 진핵세포의 대부분은 미토콘드리아를 가지고 있으나, 설령 없다 해도 옛날에 언젠가 공생을 한 적이 있다. 그렇게 결론을 내렸어요.

한편, 광합성 세균이 진핵세포 안으로 들어가면서 여러 종류의 조류(藻類), 즉 나중에 육상으로 올라가는 식물의 조상이 생겨납니다. 얘네들은 실제로 현재 광합성을 하는 세균의 색소체 또는 엽록체의 유전자와 비교해 보면 상당히 비슷해요. 미토콘드리아도 마찬가지인데 자체 내 유전자나 핵에 넘겨준 유전자를 프로테오박테리아(Proteobacteria)와 비교해 보면 매우 흡사해요. 그래서 이런 세균들의 조상이 진핵생물의 조상 세포에 들어가 내부 공생을 했다는 설명이 가능한 거예요.

미토콘드리아나 엽록체의 막은 내막이 있고 외막이 있어요. 얘네들이 세포 바깥에서 안으로 들어갈 때 조상 세포의 막을 뒤집어쓰면서 들어갔어요. 원래 자기가 가진 막과 숙주 세포의 원형질막을 뒤집어쓰고 들어 갔기 때문에 이중막이 된 거예요. 이런 세포를 다른 세포가 잡아먹고, 그 놈을 또 다른 세포가 잡아먹은 채 혈통이 유지되면 2차, 3차 내부 공생이 일어나는 겁니다. 정리해 보면 진핵세포의 출현은 두 가지 변화를 거치 며 일어났어요. 세포가 커져서 물질대사를 하는 몸의 표면적이 줄어드는 문제를 해결하려고 막이 안으로 접혀서 세포 안에 막 구조가 생겼고, 또 하나는 미토콘드리아나 광합성 세균들을 잡아먹는 과정에서 내부 공생 이 일어났어요.

　내부 공생설을 뒷받침하는 증거는 여러 가지가 있어요. 미토콘드리아 와 엽록체는 자기만의 DNA를 자기가 알아서 만들고 필요한 단백질도 만들죠. 예컨대 미토콘드리아는 다른 근육보다 심장 근육에 굉장히 많아 요. 왜 그럴까요? 심장은 계속해서 수축과 이완을 해야 되잖아요. 근육 이 일을 하려면 에너지가 있어야 되죠. 생물이 이용하는 에너지가 뭐죠? ATP. 이런 ATP를 효율적으로 만들어 내는 곳이 어디죠?

이재성 미토콘드리아.

장수철 미토콘드리아는 모든 세포에 균등하게 분포해 있지 않아요. 그러 니까 어떤 세포에는 미토콘드리아가 많고 어떤 세포에는 상대적으로 적 어요. 에너지를 많이 쓰는 세포는 미토콘드리아가 많고, 그렇지 않으면 좀 적은 편이거든요. 세포가 분열하면서 어떤 것은 심장, 어떤 것은 피 부, 뼈 이렇게 만들어지겠죠. 그렇게 세포 분열을 할 때 미토콘드리아도 같이 분열을 했으면 각 세포마다 미토콘드리아가 균등하게 있어야 할 거 아니에요? 그런데 그렇지 않단 말이에요. 이 이야기는 세포의 종류에 따 라 어떤 놈들은 알아서 자기 분열을 하고 어떤 놈들은 그걸 덜한다는 의 미예요. 미토콘드리아는 세포 분열과 상관없이 자동으로 자기가 분열할 수 있어요. 그래서 자기만의 DNA가 있고, 자기만의 RNA와 단백질을 만들 수 있고, 자기가 알아서 세포 안에서 증가해요. 이런 것들은 조상 세포와 공생을 한 결과라고 보는 것이죠.

단백질을 합성하려면 리보솜이 있어야 합니다. 미토콘드리아는 자체 리보솜이 있어요. 예를 들어, 세균성 질병에 걸려서 약을 먹는다고 해 봐요. 항생제 중에는 세균 세포 내의 리보솜에 달라붙어서 단백질 합성을 못 하게 하는 게 있어요. 테트라사이클린(tetracycline)이 그런 종류죠. 그렇게 하면 인간과 같은 진핵세포의 리보솜은 건드리지 않고 세균의 리보솜에만 작용해서 세균만 죽어요. 세균의 리보솜과 진핵세포의 리보솜이 크기, 형태 등이 다르기 때문에 항생제가 세균의 리보솜을 선별해서 처리하는 게 가능하죠. 미토콘드리아의 리보솜이 이런 항생제의 영향을 받는 것을 보면 진핵세포보다 원핵세포의 리보솜과 더 유사하다는 것을 알 수 있어요. 이것도 내부 공생설을 뒷받침하는 증거입니다.

공생, 즉 함께 생존하기 위해 서로 간에 협력이 이루어지는 거예요. 다윈의 진화론을 철석같이 신봉하는 일부 사람들은 협력을 중요하게 생각하지 않았어요. 생물들 사이에는 경쟁만 있지, 협력은 진화론에 위배된다고 생각했죠. 그래서 처음에는 린 마굴리스의 공생 진화설이 발붙일 곳이 없었어요. 진화론자 대부분이 받아들이지 않았으니까요. 논문을 발표하는 족족 퇴짜를 맞았죠. 물론 나중에 높이 평가받기는 했지만요.

이재성 여러 분야에서 여성이 불리하지…….

장수철 이야기가 나온 김에, 미국의 유전학자 바버라 매클린톡(Barbara McClintock)의 경우도 마찬가지예요. DNA가 한 번 만들어지면 가만있는 게 아니라, 그중 일부분이 튀어 나와서 다른 유전자의 DNA에 삽입되는 움직이는 유전인자, 즉 트랜스포손(transposon)의 존재를 주장했다가 제정

신이 아니라는 소리까지 들었거든요. 40대에 펼친 주장이 80대에 접어든 1983년에야 비로소 인정을 받아 노벨상까지 거머쥐었죠. 생명체뿐만 아니라 이론과 학설의 진화 과정도 대세로 자리 잡기까지는 우여곡절이 많습니다.

다세포 생물과 신경세포

장수철 먹고 먹히는 환경에서 생물의 크기는 중요합니다. 그런데 앞에서 부피당 표면적 비율에 대해서 논의한 것처럼 세포 하나가 커지는 건 분명 한계가 있습니다. 다른 방법을 찾아야죠. 이제 세포끼리 뭉치는 현상이 벌어집니다. 더 이상 커지지 못하면 작은 놈들끼리나마 힘을 합치는 게 당연한 수순이겠죠. 그래야 덩치가 큰 단세포에 대응하거나 압도할 수 있을 테니까요. 게다가 부피당 표면적을 비교적 크게 유지하는 작은 세포들이 모여서 '표면적 부족' 문제도 해결할 수 있게 되었어요. 이런 과정을 거치면서 다세포 생물이 출현합니다. 다세포 생물이 진화하면서 세포의 구조와 기능이 특화되고 세포와 세포를 연결하는 기능이 강화됨은 물론, 세포와 세포 사이에 커뮤니케이션이 가능하게 돼요.

우리 몸을 생각해 보자고요. 위를 구성하는 세포들이 적절한 크기를 유지하면서 각자 부여된 임무를 수행하겠죠. 어떤 세포는 염산을 만들고, 어떤 것은 소화 효소를 분비하고, 어떤 것은 위가 물리적 운동을 할 수 있게 근육을 구성하고……. 그렇게 각자의 기능을 발휘하게끔 적절하게 구성돼 있는데, 이 중에 어떤 놈이 반란을 일으켜 자기 숫자를 마구 늘리면 그게 뭐예요?

아주 명쾌한 진화론 수업

이재성 암이죠.

장수철 맞습니다. 암이에요. 암이 안 생기려면 세포와 세포 사이에 커뮤니케이션이 잘 일어나야 합니다. 이런 커뮤니케이션 능력과 세포와 세포를 붙이는 능력, 각 세포 사이의 역할 분담 과정이 어우러지면서 다세포 생물의 진화가 이루어졌을 거예요.

이재성 그 과정이 자율적으로 진행되나요, 아니면 컨트롤 타워 같은 게 따로 있나요?

장수철 모든 연구 결과가 컨트롤 타워의 존재를 부정합니다. 그래서 자율적으로 일어난다고 봐요. 한 세포에 의해서 다 통제되는 경우, 그 세포가 선택에 의해 제거될 위험도 있기 때문에 진화의 측면에서 그다지 유리하지 않았을 거라고 생각해요. 진화 과정에서 그냥 모였는데, 어쩌다 보니 서로 협력하게 되고, 어떻게 하다 보니 서로 기능이 달라지고……. 이런 적응 기제가 작용했겠죠. 계속해서 '선택' 과정이 진행되는 거예요.

이재성 우리 몸이 어떤 감각을 느낄 때 두뇌에서 명령을 내린다고 하잖아요. 뇌가 다 통제하고 조정한다는 말인데, 다세포로 진화할 때는 뇌 같은 지휘부가 없다는 말이네요.

장수철 시기가 다르죠. 다세포 진핵생물이 등장하는 시기를 15억 년 전쯤으로 보고 있는데, 그러고 나서도 한참 지나 동물이 등장해야 뇌가 생겨요. 다세포 생물의 출현과 뇌의 활동 사이에는 꽤 긴 세월의 간극이 가로놓여 있습니다.

　나중에 동물이 진화하면서 움직임을 통제하기 위해서 신경세포도 진화하죠. 신경세포는 다른 생물한테는 없어요.

이재성 식물도 없어요? 신경세포가?

장수철 없어요.

이재성 잎이나 가지를 잘라 내면 아파한다던데……

장수철 그런 이야기를 들을 때마다 나는 진짜 할 말이 없는데, 식물학 전공자로서 굳이 아니라고 이야기할 필요도 없어서 가만히 있는 거예요. 신경 없어요. 식물은 근육도 없어요. 동물은 세포의 가짓수가 210개지만 식물은 20개 정도밖에 안 돼요. 그러니 식물은 동물에 비해 없는 게 많아요. 세포를 둘러싼 세포사이액 또는 체액도 없어요.

이재성 잎에 진물 같은 게 나오는데?

장수철 체관이나 물관을 왔다 갔다 하는 액체가 있지만 그걸 굳이 동물에게서 볼 수 있는 체액이라고 안 하죠. 예를 들어, 체액 중의 하나인 혈액에는 적혈구, 백혈구, 혈소판, 다양한 종류의 단백질 등이 들어 있어요. 이런 것들이 산소 공급도 하고, 또 외부의 침입자와 싸우기도 하죠. 식물은 이런 활동이 없어요.

이재성 그럼 식물은 세균에 감염 안 돼요?

장수철 감염되죠. 그런데 식물은 혈구 세포가 방어하는 게 아니라 잎이나 줄기를 구성하는 세포가 공격을 받으면 아예 자살을 해 버려요. 그 부분을 딱딱하게 만들어 더 이상 다른 데 퍼지지 않게. 외부 요인에 대응하는 방식이 동물과는 완전히 달라요.

캄브리아기 대폭발

장수철 지구의 생물 역사를 연구할 때 지질의 변화를 안 볼 수 없습니다. 지질학자들의 공통된 견해에 따르면, 7억 5000만 년 전부터 5억 8000만 년 전까지 빙하기였습니다. 1억 7000만 년 동안 지구 자체가 거대한 눈

아주 명쾌한 진화론 수업

그림 7-5 에디아카라 화석

덩이나 마찬가지였대요. 영화 〈설국열차〉에도 그렇게 묘사되잖아요. 다
양한 생물이 생길 만한 조건이 아니었어요. 진화의 역사에 커다란 공백
기가 생길 수밖에 없었죠.

에디아카라 생물상(Ediacaran biota), 그러니까 에디아카라 화석군을 보면
지독한 빙하기가 끝나고 3000만 년 정도 지난 이후부터 상당히 다양한
종류의 생물이 보이기 시작해요. 3000만 년 사이에 생물의 다양성이 급
격하게 증가했다는 이야기예요. 그다음이 고생대가 시작되는 캄브리아
기예요. 캄브리아기에는 엄청나게 많은 종류의 동물이 출현합니다.

캄브리아기 직전의 에디아카라 생물상을 면밀히 분석해 보면, 활발한
포식과 피식 활동이 안 보여요. 부유물이 떨어지면 먹고, 물속에 떠다니

는 것 걸러 먹으며 살았겠죠. 그런데 캄브리아기의 동물을 보면 이야기가 달라집니다. 발톱과 이빨이 발달되어 있고, 날카로운 등뼈도 나오고, 또 여러 증거에 의하면 이때 눈이 생겼대요. 포식-피식 관계를 엿볼 수 있는 상징적인 기관들이 생겨난 거예요. 눈이 앞에 달린 것은 거리 감각을 가늠하기 위해서예요. 그래서 포식자의 눈은 먹잇감과 거리가 얼마나 되느냐를 파악하는 게 굉장히 중요합니다. 그런데 피식자는 거리와 상관없이 위협이 될 만한 놈들이 불시에 나타날까 봐 사주 경계 태세를 유지하는 게 제일 중요해요. 곤충의 겹눈은 작은 움직임도 감지할 수 있고, 토끼 같은 경우 거의 360도를 볼 수가 있어요. 약 50만 년 동안 눈이 없던 삼엽충도 이때 눈이 생겼대요.

캄브리아기의 중요한 특징은 해면동물, 자포동물, 척추를 가진 척삭동물, 극피동물, 오징어나 문어 같은 연체동물, 갑각류, 곤충 등 다양한 동물의 출현입니다. 현재 동물계 전체를 38개 문으로 나눌 수 있는데, 이 당시에 38개 문이 다 생겼다고 해요. 그러니까 그 전에는 동물의 조상에 해당하는 몇 가지 종류밖에 없었는데 캄브리아기에 현재의 동물을 다 설명할 수 있는 기본 형태 38개가 전부 나타납니다. 동물만 보면 '캄브리아기 대폭발'이라고 이야기할 수 있죠. 이 모든 게 1000만 년 동안에 다 벌어졌어요. 지질학자나 생물학자가 보기엔 1000만 년은 순식간이거든요. 좀 전에 눈 이야기를 했죠? 38개 문 중에서 눈이 있는 동물은 6개 문밖에 없어요. 곤충은 절지동물에 포함되는데, 절지동물의 약 85퍼센트를 차지합니다. 전체 생물 종 180만 종 가운데 100만 종이 곤충이에요. 이 곤충은 다 눈이 있어요. 문으로 따지면 적은 수의 문만 눈이 있지만, 종으로 따지면 95퍼센트의 종이 눈을 가지고 있어요. 이렇게 캄브리아기에 동물의 다양성이 엄청나게 증가했고, 이때부터 본격적으로 동물의 진화

그림 7-6 버제스 셰일 삼엽충 화석(왼쪽)과 청장에서 발견된 삼엽충 화석(오른쪽)

가 시작되었다고 할 수 있죠.

이재성 그런데 문은 무슨 뜻이에요?

장수철 우리가 동물이라고 하면 떠오르는 게 있잖아요. 움직인다, 다른 생물을 먹어서 영양분을 얻는다. 뭐 그런 거. 예를 들어, 어떤 동물은 특정 세포 조직을 만들어 내는 세포층의 종류가 두 가지인데, 다른 동물들은 세 가지다. 또 개체가 발생하는 과정에서 생기는 구멍이 입이 되느냐, 항문이 되느냐? 이런 식으로 분류해 보면 공통의 특징으로 묶을 수 있는데, 그렇게 묶인 범주가 동물은 현재 38가지라는 이야기예요. 동물계, 식물계 할 때 '계(kingdom)' 다음의 분류 범주가 '문'이에요.

캐나다에 있는 버제스 셰일 화석군(Burgess Shale fauna)의 화석과 중국 청장(澄江)에서 발견된 배아 화석은 캄브리아기 대폭발을 입증하는 증거들이에요. DNA 분석을 하면, 화석이 발견된 시기보다 훨씬 빠른 10억 년 전에서 7억 년 전 사이에 이런 유전적 특징들이 갖추어졌을 거라고 추정하고 있죠.

육상 진출

장수철 생물들이 육상에 본격적으로 진출하는 시기를 5억 년 전으로 보고 있어요. 처음에는 대개 세균을 비롯한 미생물 종류였죠. 식물은 4억 2000만 년 전부터 육상으로 올라가기 시작했어요. 그런데 물속에 살던 놈들이 육상으로 진출하면 견뎌 낼 수 있을까요? 말라 죽을 가능성이 크지 않겠어요? 그래서 특수 성분을 가진 놈들만 먼저 땅으로 올라갑니다. 식물의 표면을 만져 보면 매끈매끈하잖아요. 리그닌(lignin)이나 큐티클(cuticle) 성분이에요. 식물의 몸에서 수분이 빠져 나가지 않게 하는 성분이죠. 이런 성분을 가진 놈들이 물 바깥으로 나오더라도 생존할 수 있는 거죠. 그 외에도 자외선의 해로운 효과를 감소시키는 적응, 물을 얻어 수송하는 장치, 포자를 보호하는 물질 등을 보유해야 육상에서 생존과 번식이 가능했을 겁니다. 초기 식물은 이끼 같은 거였다고 보면 되고, 좀 지나면 고사리 종류, 그다음에 소나무 같은 게 생기고, 꽃이 있는 식물은 맨 마지막에 나타났죠. 이런 식으로 해서 생물들이 육상으로 진출합니다.

수업이 끝난 뒤

이재성 아까 중국에서 발견된 배아 화석? 배아가 뭐예요? 씨앗?
장수철 정자와 난자가 만났을 때 생기는 세포가 수정란이죠? 배아는 수정란이 세포 분열을 해서……
이재성 그게 어떻게 화석이 될 수 있어요?
장수철 세포 분열하다가 죽었겠지.

아주 명쾌한 진화론 수업

이재성 그 상태에서?

장수철 그 위에 토양이 쌓이고 쌓여…….

이재성 참 신기하네.

장수철 그런데 나는 더 신기한 게 뭐냐 하면, 이 작은 세포를 어떻게 발견했느냐예요. 먼저, 지층 조사를 해서 캄브리아기에 해당하는 지층을 찾아요. 그다음에 표본을 채취하고, 그 표본을 아주 작은 조각으로 나누어 일일이 다 검사를 해요. 화석의 흔적이 나올 때까지…….

이재성 정말 대단한 사람들이야.

멸종, 판을 뒤집다

: 진화의 역사 2

바로 지금 이 순간에도 어떤 생물들은 멸종해 가고, 새로운 종이 등장하고 있어요. 우리 눈에 잘 띄지 않아서 그렇지, 자연 선택에 따르는 생물의 흥망성쇠 과정은 평상시에도 꾸준히 일어납니다. 그런데 멸종이 전 지구적 규모로 비교적 짧은 시간에 발생하면 이야기가 달라져요. 대개 화산 폭발이나 지진, 소행성의 충돌 같은 생물 외적인 요인으로 일어나는 대격변인데, 그때마다 생명체의 대량 멸종으로 이어집니다. 오늘은 대진화 두 번째 시간이죠. 대멸종으로 이야기를 시작할게요.

대멸종

장수철 까마득한 옛날에는 지구의 모습이 지금과 아주 딴판이었어요. 오대양 육대주 그런 거 없었죠. 육지는 그냥 하나의 큰 덩어리로 붙어 있었어요. 오랜 시간 변화를 거듭하면서 이 덩어리는 갈라졌다가 다시 하나로 뭉치는 과정을 반복해 왔습니다. 적어도 세 번은 반복됐을 거예요. 그러다 2억 5000만 년 전에 큰 땅덩어리가 형성됐어요. 이를 판게아(pangaea), 또는 지구의 역사를 통틀어 가장 큰 대륙이었다고 해서 초대륙(supercontinent)이라고도 하죠. 이랬던 게 1억 3500만 년 전에 두 덩어리, 그러니까 곤드와나와 로라시아로 나눠져요. 남아메리카, 인도, 오스트레일리아, 남극 대륙, 아프리카가 붙어 있었던 게 곤드와나고, 유럽, 아시

아주 명쾌한 진화론 수업

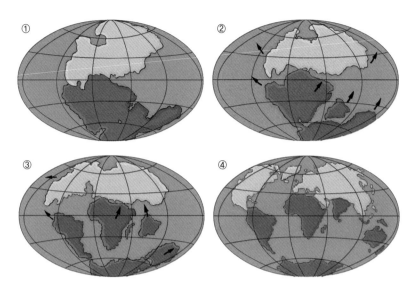

그림 8-1 지구의 대륙 변화

아, 북아메리카가 합쳐져 있었던 게 로라시아예요.

6500만 년 전 신생대에 접어들면서 현재의 지구와 비슷한 대륙 구조로 바뀝니다. 가끔 남극에서 공룡 화석이 발견되고, 북아메리카 캐나다 접경지대에서 적도 생물과 열대 식물이 발견되기도 하는데, 예전에는 그 지역이 지금의 위치가 아니었다는 증거예요.

이렇게 어마어마한 지각 변동이 일어났는데 대멸종인들 안 일어났겠어요? 멸종은 평소에도 계속 일어나요. 대개 자연 선택의 결과로 나타나는 현상이죠. 이게 거의 싹쓸이 수준으로 일어나면 그걸 대멸종(mass extinction), 또는 대량 절멸이라고 하는데, 고생대의 오르도비스기, 데본기, 페름기 그리고 중생대의 트라이아스기(Triassic period), 백악기(Cretaceous period)에 이르기까지 다섯 번의 대멸종이 일어납니다. 그때마다 지구에 살던 생물종 50퍼센트 이상이 사라졌다고 하죠.

페름기 대멸종은 고생대의 막을 내리는 격변 현상이었어요. 지금의 시베리아를 중심으로 거의 500만 년 동안 엄청난 화산 활동이 일어났죠. 용암 지층이 수백 미터 두께로 쌓일 정도였으니까요. 대기에 황화수소, 염소 가스, 메탄가스가 엄청나게 생기고 지구 온도가 섭씨 6도나 상승했대요. 말이 쉬워 6도지, 사실 이건 엄청난 거예요. 지난 100년 동안 지구 온도가 섭씨 0.74도 올라갔답니다. 그 후유증으로 지구가 현재 앓고 있는 몸살은 잘 아시는 바와 같습니다. 북극곰의 발밑에서 얼음이 녹아 꺼지는가 하면, 미국의 대형 허리케인, 유럽의 폭염, 아프리카의 가뭄 등 기상 이변이 심상치 않잖아요. 6도가 올라갔다는 건 그만큼 그 당시 지구 상황이 아수라장이었다는 이야기입니다. 대개 물의 온도가 올라가면 물 속의 산소가 빠져나가요. 그래서 물속 용존 산소의 농도가 확 떨어지거든요. 해양 생물의 96퍼센트와 육지 생물의 70퍼센트가 이때 사라졌어요. 지구 역사를 통틀어 최악의 참사라고 할 만하죠. 이게 끝이 아니었어요. 떼죽음당한 사체가 분해되면서 미생물이 증가하고, 늘어난 미생물이 산소를 많이 사용하면서 대기 중의 산소 농도가 감소하고, 산소가 없는 상태에서 살아가는 혐기성 세균들이 증가하고, 혐기성 세균들의 대사 작용이 늘어나면서 다시 황화수소가 증가하는 멸종의 악순환에 빠져드는 거예요.

이재성 역시 자연환경이 제일 무시무시하네. 아까 공룡이 언제 멸종한다고 했죠?

장수철 6500만 년 전, 중생대 백악기의 대멸종으로 공룡들의 전성시대가 막을 내리고 신생대가 시작됩니다. 이때는 우주에서 떨어진 운석 때문이었어요. 지름이 10킬로미터인 소행성과 같은 운석이 지구와 충돌하면 소행

아주 명쾌한 진화론 수업

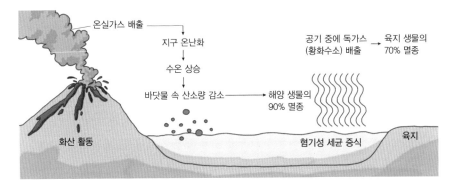

그림 8-2 페름기 대멸종 때의 지구 환경

성의 지름보다 훨씬 큰 거의 100킬로미터에 이르는 운석구(crater)가 생깁
니다. 핵폭탄이 수백 개 떨어진 것과 맞먹는 효과라고 하죠. 멕시코 남쪽
유카탄(Yucatán) 반도 칙술루브(Chicxulub)에 그 운석구가 있어요. 작은 도
시 크기만 한 소행성이 떨어져 생긴 흔적이에요. 칙술루브 크레이터의 지
름은 180킬로미터나 됩니다. 엄청나게 크죠. 소행성이 이곳을 강타해 지
진과 해일이 일어나고, 지각 내부에서 분출물이 나오고, 충돌 때문에 생
긴 먼지구름과 화산재가 태양열을 차단해 짧은 빙하기가 닥쳤다고 합니
다. 이 기간에 공룡을 포함해 육상 생물의 50퍼센트가 멸종됐다고 하죠.
　훗날 운석이 떨어져 형성된 퇴적층을 분석해 보니 이리듐(iridium)이 많
이 발견됐어요. 이리듐은 지구의 퇴적층에서 보기 힘든 희소 원소예요.
지구 바깥에서 날아온 운석 때문에 생긴 퇴적층이기에 이리듐이 많이 검
출됐다고 보고 있어요. 6500만 년 전에 형성된 K-T 경계층에서 특히 많
이 나왔습니다. 미국의 물리학자 루이스 앨버레즈(Luis W. Alvarez)가 아들
월터 앨버레즈(Walter Alvarez)와 함께 발견했어요. 아들은 지질학자였죠.
물리학과 지질학의 협업 결과 운석의 충돌과 그에 따르는 멸종을 설명할

수 있게 됩니다.

　현재 인간의 활동 때문에 멸종되는 생물이 굉장히 많습니다. 화산 폭발이나 운석 충돌 같은 자연 재해가 아니라, 개발에 따른 환경 파괴 등 인간이 인위적으로 저지르는 짓 때문에 생물종이 사라지고 있어요. 아까 페름기 멸종은 500만 년에 걸쳐 일어났어요. 만약 지금과 같은 속도로 계속 인간이 생물들을 멸종시킨다면 여섯 번째 대멸종이 진행되고 있다고 봐야 합니다. 일부 추산에 따르면 지난 400년 동안 1,000종 이상이 없어졌거든요. 원래 생물의 멸종은 자연스러운 현상이에요. 환경에 적응하지 못한 개체는 도태되거나 사라지는 게 당연합니다. 이것을 배경 멸종(background extinction)이라고 해요. 그런데 인간의 행위 때문에 벌어지는 멸종은 배경 멸종의 수백 배에 이르는 대멸종에 버금가는 거죠. 그야말로 심각한 수준이죠.

이재성 그런데 대멸종과 진화가 무슨 상관이 있어요?

장수철 생물의 역사에 대멸종이 빠지면 안 돼요. 급격한 환경 변화에 적응하지 못한 종이 대량으로 절멸되는 게 대멸종이에요. 대멸종이 진행된 다음에는 진화가 가속화될 수밖에 없어요. 기존의 생태계가 깨져 기존의 생물 수가 줄기 때문에 다양한 변이가 생겨나고 그것들의 생존력이 높아지기 때문이죠. 새 판이 짜이는 겁니다. 그런데 인간에 의한 대멸종은 그 결과가 어떨지 모르겠어요.

적응 방산

장수철 대멸종에 의해 새 판이 짜인다는 것은 생태학적 군집과 지위가 바뛴다는 뜻이에요.

이재성 지위가 바뀌다니요?

장수철 지위는 생태계에서 어떤 생물이 살아가는 환경, 그러니까 서식지가 어디고 기후 조건은 어떠한지, 무엇을 먹는지, 포식자의 존재 여부와 종류 등의 조건이라고 생각하면 돼요. 그런 것들이 싹 바뀌는 거예요. 그렇게 바뀐 환경에서 새로운 종류의 생물이 하나둘 생겨나면서 그 자리를 차지하게 됩니다. 이것을 적응 방산(適應放散, adaptive radiation)이라고 해요. 환경의 변화에 따라 새로운 종이 출현해 그 환경에 적응해 가는 것이죠. 예를 들어, 같은 꽃인데 고도가 높아질수록 키가 조금씩 작아진다든지, 바닷물의 온도가 올라갈수록 똑같은 생물인데도 유전자의 조성이 바뀐다든지, 공룡 때문에 기도 못 펴고 살던 포유류가 공룡이 사라지자 활개치고 돌아다닌다든지 하는 거예요. 그러다가 새로운 변이 과정을 겪으면서 새로운 종이 생겨나기도 하죠.

생각해 보세요. 6500만 년 전 백악기 대멸종으로 공룡이 한꺼번에 사라지면 이들이 차지했던 생태학적 지위는 누가 차지할까요? 그 자리를 포유류가 꿰차기 시작했어요. 그 전에 포유류는 공룡을 피해 밤에만 돌아다니던 야행성 동물이었거든요. 몸집도 1미터 미만의 작은 놈들뿐이었고. 이제 포유류의 입장에서는 기회의 세상이 열린 거예요. 굉장히 다양한 종류의 포유류가 이때 등장합니다. 고양이과 동물 같은 육식동물과 초식동물도 코끼리, 기린, 얼룩말, 톰슨가젤, 임팔라 등 다양한 동물이 생겨났어요. 공룡이 살았던 환경에 새롭게 적응해 가는 포유류 종들이 속속 출현하는 겁니다. 별의별 것들이 다 나타나죠. 예컨대, 태반 포유류는 새끼를 몸속에서 키울 때 태반을 통해서 영양분을 공급하는 대부분의 포유류를 말합니다. 코알라나 캥거루처럼 미성숙한 상태로 태어난 새끼를 어미의 배에 있는 주머니에 넣어 키우는 유대류. 오리너구리와 가시두더지 같은 단공류(Monotremata)는 알을 낳는 포유류예요. 조상 생물의 특성이 여전히 많이 남아 있는 놈들이죠. 예전에 공룡이 차지하던 생태적 지위를 이젠 이런 포유류들이 다 넘겨받았다고 생각하면 돼요. 물론 그 과정이 하루이틀에 진행되는 건 아니죠.

적응 방산은 크게 세 가지로 나눠 볼 수 있어요. 첫째, 지금까지 살펴본 대멸종 같은 사건의 영향으로 일어납니다.

둘째, 새로운 장소로 이동해 정착하면서 다양한 분화 과정을 겪는 경우예요. 우리는 다섯 번째 수업 때 '이소종 분화'를 배웠어요. 서식지가 달라져서 새로운 종이 출현한다는 내용이었죠. 화산 활동으로 섬이 생기거나 기존 서식지에 용암이 분출돼서 마그마로 완전히 뒤덮였다고 해 봐요. 그런 무생물 환경에 하나둘 생물이 들어와 정착하면서 적응 방산이 일어날 수도 있어요. 예를 들어, 갈라파고스 제도나 하와이 제도에 우연히 새가 날아들 수 있고, 날개 달린 곤충 또는 식물 중에서 포자나 꽃가루가 바람에 날려 오거나 새의 깃털에 묻어서 옮겨져 정착하다 보면 그곳 환경에 맞게 적응하면서 다양한 종류의 생물이 나타나게 됩니다.

셋째, 진화적 혁신에 따른 적응 방산이에요. 곤충의 경우, 날개가 있고, 복잡한 구기(口器), 절지동물의 입 주위에 먹이를 씹는 기관을 '구기'라고 하는데, 각각의 동물 종의 먹이에 따라 그 모양이 달라집니다. 또 몸이 여러 개의 마디로 이루어져 각각의 마디마다 날개, 다리, 부속지 등 다양한 구조를 만들어 낼 수 있어요. 곤충은 그 밖에도 단단한 외골격을 가지고 있죠. 이런 특징으로 환경에 적응해 생존하는 능력이 탁월해요. 이 장점들의 조합 가능성이 새로운 종이 생겨나는 데 유리한 조건이 됩니다. 그래서 곤충의 종류가 그렇게 많은 거예요. 지금 현재 학명이 붙은 생물이 총 180만 종인데 그중에서 100만 종이 곤충인 이유죠.

속씨식물, 즉 씨가 씨방 안에 들어 있는 식물은 전체 식물 29만 종 중에서 25만 종을 차지합니다. 80퍼센트가 넘죠? 속씨식물은 벌이나 나비 같은 수분자를 유인해서 꽃가루와 씨앗을 여기저기 퍼뜨립니다. 얘네들은 꽃 자체가 생식 기관이잖아요. 두루두루 널리 퍼져 나가는 데 굉장히 유리해요. 겉씨식물, 예컨대 소나무, 전나무, 은행나무…… 이런 종보다 상대적으로 많은 종류가 생길 수 있었던 거예요.

이재성 씨도 퍼뜨려요? 꽃가루는 수분을 담당하는 동물이 묻혀 가겠지만 씨는 어떻게 퍼져요?

장수철 씨는 동물이 먹고 나서 다른 데서 똥을 싸면 되죠. 개똥참외 같은 게 생기는 이유죠. 동물에 묻어가기도 하고. 바람이나 물을 이용하기도 해요. 예전에는 씨를 퍼뜨리는 데 사람도 한몫했습니다.

이재성 아! 동물들이 씨를 옮기는군요.

장수철 꽃가루를 옮기는 게 더 많아요. 나비, 나방, 벌, 파리, 새, 심지어 박쥐까지 수분을 담당하는 동물이 상당히 많더라고요. 그런 식으로 여러 수분자와 상호 작용하는 과정에서 다양한 종류가 생겨납니다.

이재성 수분자가 아니라 바람에 날려 퍼져 가는 것도 많지 않나요?

장수철 속씨식물도 있지만 소나무, 전나무 같은 겉씨식물이 주로 꽃가루를 바람에 실어 날려 보냅니다. 이놈들은 덩치가 큰 만큼 에너지도 많아서 꽃가루를 굉장히 많이 만들어 내요. 바람에 날리다 보면 그중에 어떤 놈이 동종의 다른 개체에 걸릴 거 아니에요? 그럼 수분이 이루어지는 거죠.

새도 종류가 많아요. 대략 1만 종가량 될 겁니다. 이렇게 조류가 번성하게 된 이유를 보면, 깃털이 형태 변이를 일으켜 날개의 모양을 갖추게 되고, 결국 비행 능력을 지니게끔 진화해 왔기 때문이에요. 진화하는 과정에서 생존과 번식에 유리한 자기들만의 독특한 구조를 지니게 되면서 종류가 늘어난 거죠. 일단 날개가 있으면 포식자로부터 도망가기 쉽잖아요. 물론 포식자 중에도 같이 날개를 가진 놈들도 있긴 하지만 그래도 날개가 없는 것보다 날개가 있는 것들이 포식자로부터 도망가기가 훨씬 더 유리하겠죠.

이재성 날아다니는 게 생존과 번식에 유리하다면, 어째서 다른 동물들은 날개가 안 생겼을까요?

장수철 날개는 가지고 싶다고 해서 생기는 게 아니겠죠. 조류의 조상을 거슬러 올라가면 공룡이에요. 그 공룡 중에는 가령 뛰어오르는 능력, 또는 높은 데서 활강해 내려오는 능력을 지닌 놈들도 있었을 거예요. 그러다가 체공 시간을 늘리려고 몸에 피막이 생기거나, 곤충처럼 온도 조절을 위해 몸에서 돌출된 부위가 생기는 놈들 중에 우연히 날개가 생기는 것이지, 그런 조건을 갖추지 못하면 아예 날개가 생겨날 수 없어요. 아, 그리고 몸집은 비슷한데 날개가 있는 동물과 없는 동물의 평균 수명을 비교하면 날개 없는 놈들이 훨씬 짧아요. 박쥐와 크기가 비슷한 생쥐를 비교하면 박쥐가 훨씬 더 오래 살아요. 비둘기와 그 정도의 크기의 포유류를 비교해 보면 비둘기가 수명이 길죠.

이재성 그럼 이렇게 생각해도 돼요? 쥐와 박쥐 중에서 쥐는 멸종할 수도 있지만 박쥐는 더 오래 살아남을 것이다. 이렇게 말할 수 있나요?

장수철 생물 개체들의 평균 수명과 종의 유지, 존속은 별개의 문제예요. 바퀴벌레의 수명은 6~12개월에 불과하지만 고생대 석탄기부터 3억 5000만 년을 이어 왔잖아요. 빙하기와 몇 차례의 대멸종을 견디고 꿋꿋하게…… 수명이 짧으면 그 대신 다른 능력이 발달할 수도 있겠죠. 생쥐의 번식 능력은 상상을 초월해요. 1년에 몇 번씩, 한 번에 3~12마리씩 새

아주 명쾌한 진화론 수업

끼를 낳는데, 두 달만 지나면 그 새끼도 번식이 가능해져요. 많은 조류는 1년에 두세 마리? 그렇게 많이 낳지 않아요. 이렇게 생쥐처럼 수명은 짧지만 빠른 나이에 새끼를 많이 낳고, 많이 잡아먹히기도 하고, 그중에서 살아남는 놈들이 대를 이어 가는 거예요. 저마다 그 나름의 생존 전략을 가지고 있습니다. 그런 전략이 해당 생물의 생김새 또는 생태적인 특징과 다 결부되어 있어요.

대개 동일한 자원을 두고 경쟁하는 종 사이에서 도태되는 종이 생깁니다. 또한 서로 다른 종의 포식자나 피식자 어느 한쪽의 개체 수가 급격히 늘거나 줄어들면 생태계의 균형이 깨질 수밖에 없어요. 환경 요인이 바뀌어 그럴 수도 있고. 사실, 지금 이 순간에도 수많은 생물이 멸종하고 새로운 종이 출현하고 있어요. 우리가 몰라서 그렇지, 생물들의 흥망성쇠는 굉장히 역동적으로 굴러가고 있습니다.

변이를 일으키는 유전자들

장수철 신체 구조와 형태는 계속 변화 과정을 겪는데, 이런 건 유전자 차원에서 설명해야 합니다. 자, 한 인간의 모습이 어떻게 변하는지 살펴볼게요. 태어났을 때는 얼굴의 비율이 전체 몸의 4분의 1 정도 됐는데, 나이를 먹어 갈수록 6분의 1에서 또는 8분의 1까지 줄어들어요. 태어났을 때 그대로 몸이 커지는 게 아니라 신체 부위의 비율이 달라지면서 성장하는 것은 유전자에 내재된 프로그램에 따라 몸이 만들어지기 때문이에요. 이 과정에서 약간의 조정과 변화가 있으면, 다른 종류의 생물이 생길 수도 있는 거예요.

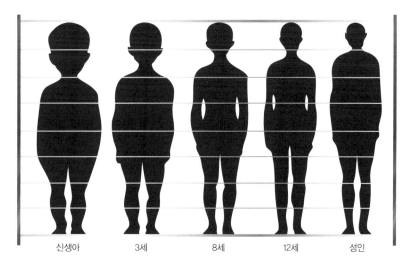

| 신생아 | 3세 | 8세 | 12세 | 성인 |

그림 8-3 인간의 연령별 신체 부위 비율

    침팬지와 인간의 유아 두개골 모양을 비교해 보세요. 거의 흡사합니다. 어릴 때는 얼굴의 전반적인 생김새가 비슷한데, 자라면서 이 뼈들이 하나둘 붙으면서 단단해지거든요. 뼈가 결합되는 구조를 보면 성체 침팬지와 인간 어른이 완전히 달라지죠. 그래서 동일하게 출발하지만 시간이 지나면서 비율이 어떻게 조절되느냐에 따라 다른 생물이 만들어질 수 있어요. 유전자 프로그램이 작동하기 때문이에요.

    각각 땅과 나무에 서식하는 도마뱀의 발을 비교해 보면 땅에 사는 도마뱀은 발가락 사이의 물갈퀴(webbing)가 줄어듭니다. 거의 비슷한 종류인데 나무에 사는 도마뱀은 물갈퀴가 잘 발달해서 발가락 끝부분까지 가 있어요. 나무에서 살아가기에 적합한 구조로 바뀐 거예요. 발가락 구조의 발생 시기를 조절하는 유전자에 돌연변이가 생겨서 그래요. 사실, 인간도 태아 상태일 때는 물갈퀴가 다 있어요. 그런데 인간의 손발을 만드

아주 명쾌한 진화론 수업

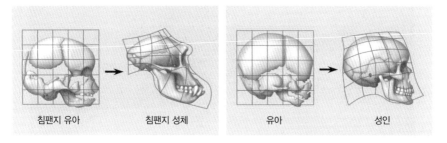

| 침팬지 유아 | 침팬지 성체 | 유아 | 성인 |

그림 8-4 침팬지와 인간의 두개골 변화

는 데 관여하는 유전자 중 일부에는 물갈퀴와 관련된 세포들을 제거하도록 프로그램이 되어 있어요. 이 물갈퀴 세포가 결국 전부 다 분해돼 없어져서 지금의 손가락과 발가락이 되는 거죠. 그러니까 이 도마뱀의 경우도 발이 생겨나는 시점에 관련 유전자가 물갈퀴를 얼마나 없애느냐가 서식지에 따라 결정됩니다. 같은 종이었다가 다른 종으로 분화되거나 아예 다른 종류의 생물로 갈라지는 게 그 시작점을 알고 보면 그렇게 복잡한 과정이 아니에요. 관련 유전자의 작은 변화만으로도 형태적이고 실질적인 변화를 일으킵니다.

인간이 원숭이와 달리 꼬리가 없는 이유가 뭘까요? 꼬리를 만들어 내지 못하게 하는 유전자가 작동하기 때문이에요. 인두낭도 마찬가지예요. 인두는 구강과 식도 사이에서 공기와 음식물을 구분해서 몸 안으로 들어오게 하는 소화 기관이죠. 사람은 태아 때 이 인두에 주머니 같은 게 있다가 없어져요. 이 주머니가 발달해서 만들어지는 것이 물고기의 아가미거든요. 인간한테는 아가미가 필요 없잖아요? 필요 없으니 태아 때는 형성됐다가 없어지는 거예요.

그림 8-5에 나오는 동물은 아홀로틀(axolotl)이라고 하는 일종의 도롱

그림 8-5 아홀로틀 아홀로틀은 어릴 때 모습 그대로 성장한다. 절단된 부위를 쉽게 재생할 수 있고, 다른 아홀로틀의 장기를 이식받아도 거부 반응이 없는 특징 때문에 과학 연구에 많이 활용된다.

농이에요. 도롱농은 대개 어렸을 때 이렇게 생겼다가 나중에 성체가 되면 도마뱀 비슷한 생김새가 돼요. 그런데 아홀로틀은 성체가 될 때까지 도마뱀 모습을 띠는 데 필요한 유전자들이 작동하지 않아요. 그래서 어렸을 때 모습 그대로 외부 아가미와 납작한 꼬리를 유지한 채 살아갑니다. 이렇게 성체의 본모습이 발현되지 않은 상태로 새끼도 낳고…….

이처럼 성체가 됐어도 옛날 조상 종의 어린 시절 몸 구조를 그대로 유지하는 것을 어릴 유(幼) 자를 써서 유형 형성(幼形形成, paedomorphosis), 또는 유형 진화라고 해요. 실질적인 진화적 변화는 몸 부위의 위치와 조직을 조절하는 유전자가 변하면서 일어난다는 점을 이런 현상이 보여 주고 있어요.

아주 명쾌한 진화론 수업

그림 8-6은 태아 상태를 보여주는 그림인데, 위쪽은 닭이 될 놈이고, 아래쪽은 물고기가 될 놈이에요. 닭의 다리와 물고기의 지느러미를 만드는 부위가 거의 비슷하고, 이런 것들을 만들어 내는 유전자도 대개 비슷해요. 혹스(hox) 유전자와 밀접한 관련이 있습니다. 혹스 유전자의 정보에 따라 특정 위치에 적합한 구조로 세포가 발생하는 거예요. 예컨대 팔이 생길 곳에 팔을, 다리가 생길 곳에 다리를, 손가락이 생길 곳에 손가락을 만드는 것처럼 동물의

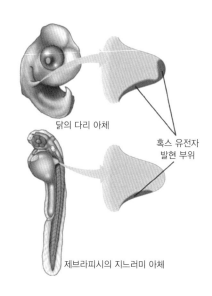

닭의 다리 아체

혹스 유전자 발현 부위

제브라피시의 지느러미 아체

그림 8-6 닭과 제브라피시의 혹스 유전자 발현 부위 혹스 유전자의 정보에 따라 세포들은 특정 위치에 적합한 구조로 발생한다.

배아가 만들어질 때 위치 정보를 제공하는 기능을 혹스 유전자가 해요. 몸의 모양을 하나하나 만드는 데 관여하고 있죠. 척추동물이 진화할 때 중요한 변화 가운데 하나가 어류의 지느러미가 사지(四肢)로 분화된 것인데, 혹스 유전자는 이 과정에도 깊이 관여했죠. 그림 8-7을 보세요. 무척추동물은 염색체 한 개에 혹스 유전자가 배열되어 있어요. 그런데 동물의 염색체는 여러 개잖아요. 그래서 그 배열과 거의 다르지 않게 초기 척추동물은 염색체 두 개에 혹스 유전자가 배열되어 있고, 고등 척추동물의 경우 염색체 네 개에 혹스 유전자가 배열되어 있어요.

이재성 무슨 소린지 하나도 모르겠어요.

장수철 하나의 염색체에 혹스 유전자가 몇 개 있는 게 무척추동물인데, 이

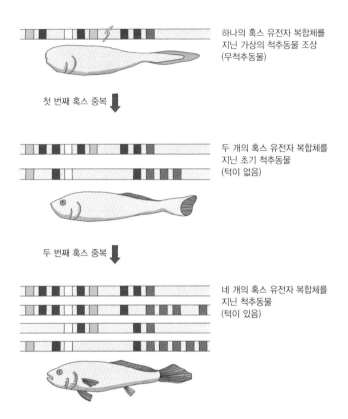

하나의 혹스 유전자 복합체를
지닌 가상의 척추동물 조상
(무척추동물)

첫 번째 혹스 중복

두 개의 혹스 유전자 복합체를
지닌 초기 척추동물
(턱이 없음)

두 번째 혹스 중복

네 개의 혹스 유전자 복합체를
지닌 척추동물
(턱이 있음)

그림 8-7 혹스 유전자 중복과 척추동물의 기원 무척추동물로부터 척추동물의 진화는 혹스 유전자의 변화를 동반한다.

게 그대로 복제된 또 하나의 염색체가 생겨서 척추동물의 초기 형태를 이루는 거예요. 물론 이런 일이 벌어지려면 수백만 년, 수천만 년이 지나야 돼요. 칠성장어, 먹장어 같은 게 여기에 속하는데, 물고기 중에서 턱이 없는 놈들이에요. 어류는 대개 턱이 있는데, 우연히도 턱이 있고 없고가 척추동물을 크게 나누는 기준이 됐어요. 턱이 없는 이 어류들은 염색체 두 군데에 몸을 만드는 혹스 유전자 복합체가 배열되어 있어요. 이 배열은 무척추동물과 그다지 크게 다르지 않아요. 어류, 양서류, 파충류, 포유류처럼 턱이 있는 척추동물에서는 이 염색체가 다시 두 배로 증식됩니다. 이것이 의미하는 바는 뭘까요? 혹스 유전자의 기능을 주목할 필요가 있어요. 혹스 유전자는 다 몸을 만드는 데 관여하는 유전자거든요. 그러니까 몸을 만드는 데 필요한 도구 몇 개만 가지고도 굉장히 다양한 종류의 생물을 만들 수 있다는 이야기예요. 물론 턱이 있는 척추동물은 더 다양한 도구를 쓸 수 있겠지만 어떤 종류의 혹스 유전자가 어떻게 배열되는지 그리고 어떤 조합인지에 따라 여기에 약간의 변화만 생겨도 여러 가지 모양을 만들 수 있고, 다양한 종류의 생물을 만들 수 있습니다. 얼마든지 가능해요. 즉, 발생 유전자에 변화를 주면 새로운 형태, 새로운 종이 만들어질 수 있다는 거예요. 대부분 무척추동물이지만 캄브리아기가 시작되면서 대폭발이라고 할 만큼 생물이 다양하게 생겨난 까닭도 다양한 혹스 유전자의 기능으로 설명이 가능하다고 봅니다.

혹스 유전자 중에서도 배열 순서상 일곱 번째에 위치한 울트라바이소락스(ultrabithorax) 유전자, 줄여서 *ubx* 유전자를 주의 깊게 살펴볼 필요가 있어요. 곤충에서 이 유전자는 배에서 작동을 하는데, 다리 또는 날개의 발생을 억제하는 기능을 합니다. 곤충은 머리, 가슴, 배 세 부분으로 구분하잖아요. 가슴에는 *ubx* 유전자가 없으니까 다리도 생기고 날개도 생기지만 배에는 이 유전자가 발현해 아무것도 없어요. 그런데 새우 같은 갑각류에서는 *ubx* 유전자가 몸통에서 발현하고 다리의 발생을 억제하는 기능을 하지 않아요. 그러니 다리가 무척 많을 수밖에요.

큰가시고기(three-spined stickleback) 사례를 한번 살펴볼게요. 커다란 가시가 세 개나 있는 놈이에요. 큼지막한 가시에 찔릴까 봐 포식자가 이놈들을 잘 못 먹어요. 바다에는 큰가시고기의 포식자가 많아요. 큰가시고기에게는 뾰족한 가시를 만드는 유전자들이 있어요. 바다에 사는 큰가시고기에게는 해당 유전자가 발현되는 거예요. 똑같은 놈인데 호수에 사는 놈들을 관찰해 봤더니 가시가 안 생겨요. 호수에는 큰가시고기의 포식자가 없거든요. 포식자가 없으니 가시가 있어 봐야 무용지물이 되겠죠. 포식자가 있을 때는 유전자 하나만 바뀌면 돼요. *pitx1*이라는 유전자인데, 포식자의 유무에 따라 이 유전자의 발현 여부가 결정됩니다. 형태가 바뀌어 진화하는 데는 생각보다 그렇게 많은 변화가 필요하지 않아요. 한두 개 유전자만 바꿔 주면 환경에 적응해서 살 수 있는 경우가 많죠.

생물의 특성에 맞는 진화

이재성 시각은 모든 동물이 가지고 있는 감각이에요? 생각해 보면 조개 같은 것은 눈이 없을 것 같은데.

장수철 조개에도 눈이 있어요. 사실, 우리는 눈에 대해서 편견을 가지고 있어요. 예를 들어, 눈이라고 하면 적어도 시신경, 망막, 수정체, 각막 등을 지닌 복잡한 구조를 갖추어야 한다고 말이죠. 인간 중심으로 생각하니까 그런 거죠. 중요한 것은 동물들의 필요에 따라 눈이 인간처럼 복잡할 이유가 없을 수 있다는 점이에요.

삿갓조개에서 확인할 수 있는데, 눈이라고 해 봐야 그림 8-8의 (a)처럼 색소 세포 정도밖에 없어요. 이놈들은 빛과 어둠 정도만 감지하면 되니까요. 이 조개는 자기 위로 뭐가 지나가면 '어? 왜 어두워졌지? 뭔가 왔나 보다. 조심해야겠다!' 하면서 껍데기를 닫아 버려요. 그런 식으로 포식자의 공격으로부터 자기를 보호하는 거죠. 즉, 조개의 눈은 굳이 모든 걸 다 볼 필요가 없어요. 빛이 있는지 없는지 그것만 알면 되는 거예요. (b)의 경우에는 다소나마 빛을 모을 수 있어요. 그래서 빛이 어느 방향에서 오는지만 감지하면 되고, (c)는 구멍이 조그맣게 뚫려 있는데, 빛이 이 구멍을 통과하면서 입사각과 반사각이 정교하게 만들어지고 이미지가 맺혀요. 뭔가 상(像)을 볼 수 있다는 말이죠. 그러나 들어오는 빛의 양이 워낙 적기 때문에 이미지를 선명하게 볼 수는 있으나 많이 보

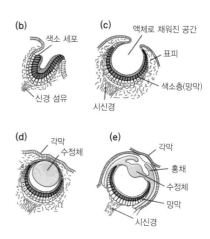

그림 8-8 다양한 눈의 진화

지는 못해요. (d)는 바다달팽이의 눈으로 원시 수정체가 있고, 수정체를 각막으로 보호하고 있어요. (e)는 척추동물의 눈과 비슷한 구조로 오징어의 눈을 묘사한 것입니다. 이렇게 다양한 눈이 존재하는 것은 각각의 생물에 적합한 눈이 있다는 의미 아니겠어요? 각 생물의 특성에 맞게 그 정도만 있으면 돼요. 그러면 생존하고 번식하는 데 아무 지장 없습니다. 인간의 눈처럼 정교하고 복잡한 구조가 이들 동물에게는 괜히 에너지만 소모할 뿐이죠. 전혀 필요 없어요.

이재성 우리의 눈은 이 정도면 완벽한 거 아닌가?

장수철 사실, 따지고 보면 인간의 눈도 완벽하지 않아요. 우리가 어떤 사물을 볼 때, 동공을 통해 빛이 들어오면 수정체에 의해 굴절되고 초점이 조절되면서 망막에 이미지가 맺히잖아요. 그런데 망막 앞쪽에는 신경도

있고 핏줄도 있어요. 이것들 때문에 빛 신호를 쪼개서 받을 수밖에 없어요. 그러니까 원래는 빛이 들어오면 신경과 핏줄에 가려져 하나로 연결된 이미지가 아니라 조각난 이미지로 보이는 거예요. 그것을 뇌가 연결시켜서 온전한 형태로 인식하는 거죠. 심지어 망막에는 시각 세포가 없는 부분도 있어요. 그 부분에는 물체의 상이 맺히지 않아 시각 기능을 제대로 수행할 수 없거든요. 맹점이라는 곳이죠. 이렇게 인간의 눈도 매우 불완전합니다.

진화의 목적? 진화의 경향!

장수철 말의 조상 종은 원래 개만 했지만 지금의 말은 그렇지 않잖아요. 몸집이 커지고, 발굽의 개수가 점점 줄어들고, 이빨도 먹이를 잘 갈 수 있도록 바뀌어 왔어요. 그래서 잘못 생각하면 어떤 방향을 정해 놓고 진화를 하는 것처럼 보일 수도 있으나 아니에요. 라마르크에 따르면, 모든 생물은 인간이 되기 위해 진화하는 과정에 있죠. 이 생각에서 벗어나지 못하면 침팬지는 인간이 되어 가는 과정 중에 있다고 생각하게 됩니다.

진화라는 것은 미래를 예측하고 대비하기 위해서가 아니라 현재의 유용성을 극대화시키는 우연한 행동들이 모여 구조가 변해 나가는 거예요. 계획과 목적이 있을 리 없고 맹목적으로 진행됩니다. 다양한 종이 생겼는데 우연히 생존한 놈들 그래서 지금의 자손을 낳은 놈들이 그런 특징을 지녔고, 그런 특징을 가진 놈들이 쭉 이어져 온 거죠. 그 결과를 가지고 분석을 해 보니 일정한 경향성을 띠는 거지, 어떤 방향을 정해 놓고 진화가 일어난 건 아니에요. 결과는 제대로 해석을 해 줘야 합니다. 우리 인간은 물론, 고래 등 화석이 잘 발굴된 동물의 경우에 이런 해석을 뒷받침하는 증거가 풍부합니다.

대진화 이야기는 여기서 매듭짓겠습니다.

수업이 끝난 뒤

이재성 인간도 결국 멸종되고 말까요?

장수철 모든 종이 그렇듯이 멸종할 거예요. 왜? 은근히 걱정되나 봐?

이재성 걱정이 아니라 입이 근질근해서……. 자꾸 영화 〈혹성탈출(Planet of The Apes)〉이 생각나잖아. 요즘 나온 거 말고, 찰턴 헤스턴(Charlton Heston) 나오는 1968년도 오리지널 버전. 이 영화를 보면 인간이 원숭이의 지배를 받잖아요. 인간은 말도 못 하고, 거의 동물이나 다름없어요. 주인공은 외계 행성에 도착했다고 생각했는데, 알고 보니 먼 훗날의 지구인 거라. 한갓진 바닷가에 처박힌 자유의 여신상은 인류 문명의 멸망을 상징한다고 할까!

장수철 〈터미네이터〉 시리즈에서도 인간의 미래 모습은 암울하지. 인간이 인공지능 로봇한테 쫓겨 다니죠. 마치 쥐새끼처럼. 스티븐 호킹(Stephen W. Hawking)이나 엘론 머스크(Elon Musk) 같은 양반들은 인간이 절대 하지 말아야 할 일이 인공지능 개발이라고 이야기했다죠? 인류에게는 A. I.가 핵폭탄보다 더 위험한 존재래요.

이재성 말이 나왔으니 말인데, 진화는 생물에만 쓸 수 있는 말인가요? '로봇이 진화를 거듭해서 인공지능 로봇이 되었다.' 이게 말이 되나요, 안 되나요?

장수철 인공지능 로봇은 생명체인가요? 인공지능 때문에 로봇의 생존과 번식에 차이가 생기면 진화를 할 겁니다. 그리고 여태 살펴본 생물이란 건 뭔지 다시 생각해 보면 이 질문에 더 풍부한 답이 될 것 같은데. 참, 멸종과 관련해서 보탤 말이 있어요. 현 시기를 신생대 충적세에 이은 인류세(人類世)라고 보는 의견이 있어요. 네덜란드의 화학자 파울 크뤼천(Paul Crutzen) 같은 사람이 대표적이에요. 그 사람의 주장에 따르면, 인류세의 가장 큰 특징은 인간에 의한 자연환경 파괴래요. 인간이 오죽이나 극성스러우면 그 이름을 따서 지질 시대의 한 부분으로 집어넣겠어요? 인간의 끝없는 탐욕과 오만이 제어되지 않는 한 '여섯 번째 대멸종'행 급행열차가 멈출 것 같지는 않네요.

아주 명쾌한 진화론 수업

생명의 나무

: 계통수 읽는 법

생물의 진화 과정을 나타내는 조상들의 역사를 계통이라고 합니다. 이것을 나무의 줄기와 가지처럼 나타낸 그림이 계통수예요. 여기에는 생물 간의 유연관계와 한 생물이 변화해 온 과정이 담겨 있습니다. 대충 선을 쭉쭉 그은 것처럼 보이지만 계통수는 분류학, 화석학, 지질학, 분자생물학 등의 연구 결과가 집약적으로 반영된 거예요. 오늘은 계통수를 중심으로 이야기를 진행하겠습니다.

생물의 역사와 계통 분류

장수철 이게 뱀이 아니래요.

이재성 그럼 뭐예요?

장수철 다리 없는 도마뱀. 뱀은 턱뼈의 신축성이 좋아서 턱이 굉장히 크게 벌어지잖아요. 자기 몸집보다 훨씬 큰 먹잇감도 삼킬 수 있어요. 도마뱀은 입을 벌려 봐야 뻔해요. 항문 뒤의 꼬리 구조도 뱀하고 달라요. 그리고 척추를 구성하는 뼈의 개수도 적어요. 이런 걸 몇 가지 따져 보면 이놈은 뱀이 아니에요.

이재성 도마뱀이나 뱀이나 그게 그거 아니에요?

장수철 그럼, 선생님은 박쥐를 새라고 해요? 둘 다 날아다니니까 비슷하다고? 박쥐는 젖을 먹여 새끼를 키우는데…….

아주 명쾌한 진화론 수업

그림 9-1 무족도마뱀

이재성 그러니까 내 이야기는, 겉모습에 따라 날개가 있으면 새라고 분류하고, 뱀처럼 생겼는데 다리가 있으면 도마뱀이고, 다리가 없을 경우 뱀이라고 하면 무슨 문제가 있냐고요?

장수철 좋은 질문이에요. 그런데 그렇게 분류하면 생물이 만들어져 온 역사, 즉 개별 생물의 진화사를 깡그리 무시하는 거예요. 진화사를 알아야 해당 생물이 속한 위치를 파악할 수 있고, 그래야 그 생물을 좀 더 정확히 알 수 있죠.

이재성 그걸 알아서 뭐 하게요?

장수철 거꾸로 내가 한번 물어 볼게요. 버섯은 식물인가요, 아닌가요?

이재성 동물의 '동' 자가 움직일 동(動)이잖아요. 버섯은 움직이지 않으니까 식물이라고 봐야 하지 않나요?

장수철 땡! 버섯과 식물은 엄연히 달라요. 버섯은 광합성을 못 해요. 버섯이 자라나려면 외부에서 뭔가 먹을 것을 얻어야 돼. 그런데 식물은 살아가는 데 필요한 양분을 스스로 만들거든요. 햇빛과 이산화탄소만 있으면 되는 거예요. 그럼 생각해 보세요. 인간이 식물과 버섯을 키운다고 했을 때 농사짓는 방식이나 기술이 완전히 다르겠죠? 뭘 제대로 알아야 재배 방법이고 뭐고 나올 거 아니에요. 버섯은 식물이 아니고 균류에 속하는 것으로 분류해요.

이재성 딸기, 수박, 토마토, 참외가 과일이냐 채소냐 하는 이야기와 비슷하네요. 이것도 왈가왈부 말이 많더라고요. 토마토처럼 조리해서 음식 재료로 쓰이는 것만 채소라고 한다는 등…….

장수철 과일은 나무에서, 채소는 나무가 아닌 식물로부터 얻는다는 말도 있고. 그런데 과일과 채소를 그런 식으로 구분하는 것이 소용 없어 보여요. 생물학에서는 우리가 말하는 과일 대신 영어로 'fruit' 그냥 '열매', 즉 씨방으로부터 생겨서 종자를 보호하는 구조로 정의해 사용하고 있어요.

이재성 어쨌거나 이렇게 분류를 하는 이유는 인간이 동물이나 식물을 유용하게 활용하기 위해서예요?

장수철 그런 측면도 있지만, 생물을 근거에 따라 정확히 분류하는 것이 주 목적이에요. 그래야 생물을 제대로 이해할 수 있어요. 예를 들어 식물은 광합성을 통해 빛 에너지를 화학 에너지로 바꿔줌으로써 스스로 살아가고, 제 한 몸 바쳐 초식동물 먹여 살리고, 그 초식동물을 육식동물이 잡아먹고, …… 돌고 돌아 결국 버섯과 세균도 먹고산단 말이에요. 그런데 버섯을 식물의 범주에 묶어 버리는 것처럼 어설프게 분류하면, 이 지구상의 생물이 어떤 식으로 상호 작용을 하는지, 누가 누구한테 어떤 도움을 주는지 체계적으로 설명이 안 돼요. 그러면 지구의 환경을 이해하는 데 한계가 있죠. 생물을 제대로 이해하기 위해서라도 해당 생물이 어떻게 유래했는지 알아야 환경과 생물의 상호 작용, 생물과 생물 간의 상호 작용을 정확하게 이해할 수 있어요. 따라서 '생물의 겉모습만 가지고 분류

아주 명쾌한 진화론 수업

하는 것은 오류의 개연성이 너무나 크다. 역사까지 같이 파악하고 계통 적으로 분류하는 게 조금 더 정확하게 아는 것이다.' 사실, 오늘 수업 주제는 이 두 문장이에요. 그렇게 해야 생물의 본질적인 모습에 접근해 갈 수 있을 테니까요. 과학이라는 건 정보와 지식의 총량이 늘어나는 게 아니라 어떤 현상이나 사안을 대하는 방법론이나 태도 같은 거 아닐까요?

이재성 넵. 알았습니다!

장수철 그래서 계통 발생(phylogeny)을 알아두는 게 중요해요. 종 또는 관련 종이 어떤 과정을 거쳐서 생겨났는지, 그 역사성을 살펴보는 게 계통 발생입니다. 이런 계통 발생을 연구하는 학문을 계통분류학(systematics)이라고 하죠.

이재성 그런데 왜 분류학이라고 안 해요?

장수철 역시 좋은 질문이에요. 분류학은 따로 있습니다. 계통 발생은 생물의 진화사를 포함한다고 했죠? 이와 달리 겉모습만 가지고 서로 비슷하면 묶고, 다르면 따로 분류하는 게 분류학이에요. 창시자가 스웨덴의 식물학자 카롤루스 리나이우스(Carolus Linnaeus)입니다. 우리한테는 칼 폰린네로 더 많이 알려져 있죠. 본인은 라틴어식 이름으로 불리는 걸 더 좋아했대요. 이 양반이 이명법(binomial nomenclature)을 만들었어요. 호모 사피엔스를 비롯해 1만 1000종의 생물에 이름을 붙였죠. 예컨대, 호모 사피엔스에서 '호모'는 속명(屬名, genus name)이고, '사피엔스'가 종소명(種小名, epithet)이에요. 이렇게 속명과 종소명으로 생물에 이름을 부여하는 게 이명법이에요. 호모 에렉투스, 호모 네안데르탈렌시스(Homo neanderthalensis) 등등······.

　이런 생물학적 특성 말고도 주로 사회과학 분야에서 학문적 견해에 따라 인간을 여러 가지로 부르기도 해요. 경제적 인간이라는 뜻의 호모 에

코노미쿠스, 언어활동이 인간의 본질이라는 의미를 담은 호모 로퀜스, 놀이를 좋아한다고 해서 호모 루덴스…….

이재성 그거 말고도 쌔고 쌨어요. 인간의 이러저러한 특징을 부각시켜 말 만들어 내는 걸 좋아하는 사람이 많죠. 이야기를 지어 내는 동물이라고 해서 호모 나랜스. 도구를 사용하는 게 인간의 고유한 특징이라고 해서 호모 파베르. 아무튼 무지하게 많아요. 그나저나 속명이라고 했나요? 그거 좀 자세히 설명해 봐요.

장수철 종을 일정한 특징에 따라 분류해서 유사한 것끼리 묶으면 그룹이 생기는데, 그것을 속이라고 그래요. 이 속을 또 그룹별로 모으면 과가 되고, 과를 몇 개 묶으면 목이 되죠.

예를 들어, 표범을 살펴볼게요. 학명은 판테라 파르두스(*Panthera pardus*). 표범은 눈표범(*P.uncia*), 재규어(*P.onca*), 호랑이(*P.tigris*), 사자(*P.leo*) 등과 함께 표범속(*Panthera*)을 구성합니다. 행동, 모습, 먹이 등에서 비슷하기 때문에 동일한 속에 배치된 것이죠. 마찬가지로 표범속은 고양이속(*Felis*)과 다른 멸종한 두 속과 함께 고양이과(*Felidae*)를 구성합니다. 더 포괄적으로 식육목, 포유강, 척삭동물문, 동물계, 진핵생물 영역에 포함시킬 수 있어요. 이런 식으로 여러 계층으로 나누어 이름을 분류할 수 있어요.

이렇게 정교하게 만든 것까지는 좋은데, 이 분류법은 생물이 어떻게 해서 생겨났는지 그 역사는 이야기해 주지 않아요. 그래서 계통분류학자들이 나서게 되는데, 기존에 17개 과로 분류한 아놀도마뱀의 진화사를 추적해 보니까 별반 차이가 없었어요. 군이 17개까지 나누어 분류할 이유가 딱히 없었던 거예요. 겉모습에 기준을 두고 생물을 범주화시키는 것이 미흡하다는 인식이 번지기 시작합니다.

식육목 동물을 좀 더 자세히 들여다봅시다. 고양이과, 족제비과, 개과

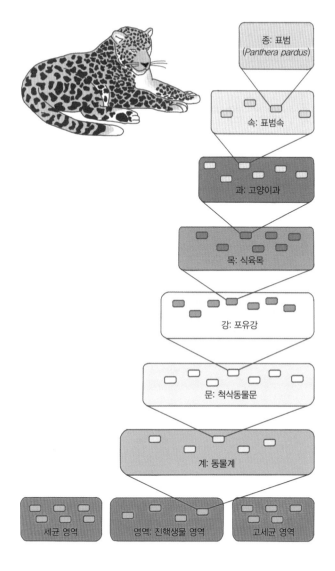

종: 표범
(*Panthera pardus*)

속: 표범속

과: 고양이과

목: 식육목

강: 포유강

문: 척삭동물문

계: 동물계

세균 영역

영역: 진핵생물 영역

고세균 영역

그림 9-2 표범의 계층 분류

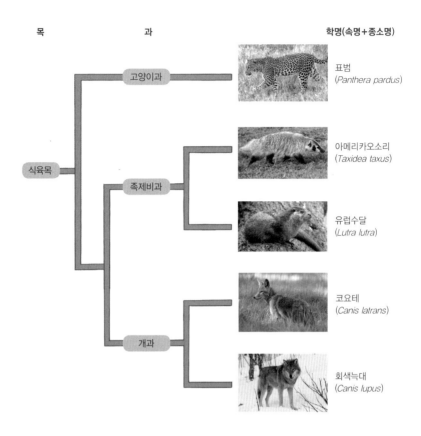

목	과	학명(속명+종소명)
	고양이과	표범 (*Panthera pardus*)
식육목	족제비과	아메리카오소리 (*Taxidea taxus*)
		유럽수달 (*Lutra lutra*)
	개과	코요테 (*Canis latrans*)
		회색늑대 (*Canis lupus*)

그림 9-3 식육목 동물의 계통수 각 생물의 공통 조상 관계를 알 수 있다.

를 예로 들어 살펴볼게요. 이 그림은 좀 전에 봤던 표범을 계층적으로 분류해 놓은 그림과 달라요. 전체 공통 조상이 있고, 그중에서 처음에 고양이과와 나머지로 갈라졌고, 그 나머지는 다시 족제비과와 개과로 갈라집니다. 마치 나무가 가지를 쳐 나가는 것처럼 특정 생물이 어떤 경로를 거쳐 출현했는지 그 진행 과정을 다 볼 수 있게 분류했어요. 그러니까 그냥 겉모습만 보고 비슷한 것끼리 묶어 내는 방식이 아니라 진화의 역사까

아주 명쾌한 진화론 수업

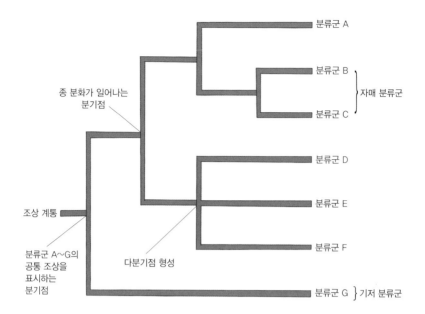

분류군 A

분류군 B
분류군 C } 자매 분류군

종 분화가 일어나는
분기점

분류군 D

분류군 E

조상 계통

분류군 F

분류군 A~G의
공통 조상을
표시하는
분기점

다분기점 형성

분류군 G } 기저 분류군

그림 9-4 계통수의 기본 구조 분류군은 하나의 이름으로 부를 수 있는 집단을 의미한다. 각 분류군의 진화 과정을 계통수로 나타낼 수 있다.

지 포함한 분류 기준을 적용한 거예요. 이게 계통분류학의 분류 방식입니다.

좀 더 일반화해서 알아볼게요. 계통수는 밑에서부터 그려 나갈 수도 있고, 그림 9-4처럼 왼쪽에서부터 시작할 수 있습니다. 그 시작점이 조상 계통이고, 그다음부터 자손들로 이어지죠. 계통이 갈라지는, 즉 종 분화가 일어나는 지점이 분기점(branch point)이에요. 중간중간에 새 분기점이 생기면서 분류군(taxon)이 A, B, C, D, E, F, G로 나뉘었다고 해 보죠. 가장 먼저 갈라져 나온 것, 아니 가장 먼저라기보다 조상 계통에서 갈라져 나와 더 이상 분기하지 않고 그대로 쭉 이어지는 것을 기저 분류군

(basal taxon)이라고 합니다. 여기서는 G에 해당하겠죠. 분기점에서 세 개가 한꺼번에 갈라지는 경우도 있어요. D, E, F 중에 어느 게 먼저 갈라졌는지 모르기 때문에 이렇게 한꺼번에 표시하는 거예요. 맨 위쪽을 보면 A가 갈라져 나오고, 나머지 가지는 어느 순간 B와 C로 분기되죠. 여러 증거를 토대로 역사를 재구성할 수 있으면 분기가 일어난 선후 관계를 나타내고, 아직 규명되지 않았다면 D, E, F처럼 한꺼번에 표시하는 거예요.

이런 계통수를 그려 보면 어떤 식으로 분기가 됐는지, 어떤 것과 어떤 것이 얼마나 거슬러 올라가면 공통 조상으로 연결되는지 그 유연관계(類緣關係)를 알 수 있어요. 여기서 B와 C를 자매 분류군이라고 하는데, 그렇게 이름 붙인 것은 가장 가까운 과거에 둘의 공통 조상이 있다는 뜻이에요. 그런데 이 그림만으로는 '언제' 분기됐는지 알 수가 없어요. 여기서는 시간 개념이 없습니다. 그냥 분류의 패턴만 보여 주고 있어요. 그리고 B와 C와 A의 유전자가 얼마나 다른지도 알 수 없어요. 나중에 규명되면 선의 길이를 다르게 나타내고 설명을 곁들여야 합니다.

이런 계통 발생도를 응용한 연구도 많아요. 예를 들어, 탄저균의 DNA를 분석해서 균주(菌株)를 보관하는 곳이 어느 연구소인지 추적할 수 있고, 일본 시중에서 유통되는 고래고기의 DNA를 분석해 거기에 국제법상 포획이 금지된 고래가 있다는 것을 밝혀내는 경우도 있어요. 연구용으로만 고래를 잡는다고 발뺌하던 일본 정부가 궁지에 몰리기도 했죠.

공유 조상 형질과 공유 파생 형질

장수철 남부주머니두더지와 동부두더지는 생김새가 비슷합니다. 아마 공통 조상이 가까운 과거에 있었을 거라고 생각할 수 있잖아요. 그런데 아니에요. 자, 지금까지 우리가 계속 문제 삼아 왔던 것은 '어떤 두 개체의 겉모습이 비슷하다고 해서 그 둘이 가까운 친척이라고 할 수 있을까'였어요. 이 두더지들도 마찬가지예요. 남부주머니두더지는 오스트레일리아에 사는 놈이고, 동부두더지는 북아메리카 대륙에 살아요. 그런데 남부주머니두더지는 새끼를 미성숙한 상태로 낳아 어미 배에 달린 주머니에 넣어 키우는 유대류고, 동부두더

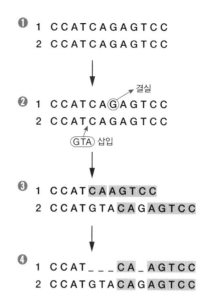

그림 9-5 분자계통분류학 예시 분자계통분류학을 통해 한두 개의 뉴클레오타이드가 결실되거나 삽입이 일어나서 비교가 어려웠던 염기 서열을 분석할 수 있게 되었다.

지는 태반을 통해 영양을 공급해서 거의 완성된 상태로 새끼를 낳는 유태반류예요. 그러니까 이 두 동물은 완전히 다른 조상 종으로부터 유래했어요. 한참 지난 후에 나타난 각 조상의 자손 종끼리 우연히 비슷한 외형적 특징을 가진 것뿐이죠.

이렇게 헷갈리는 것들을 정확하게 규정해야 한다는 게 계통분류학자들의 주장이에요. 최근에는 주로 유전자 비교 방법을 많이 씁니다. 그림 9-5의 3번을 한번 보세요. 이 염기 서열이 현재 발견된 것들인데 위는 CCATCAAGTCC이고, 아래는 CCATGTACAGAGTCC로 상당히 다릅니다. 각각의 염기 서열을 현존하는 두 생물의 DNA라고 가정해 보

죠. 꽤 가까운 과거에 공통 조상으로부터 유래했을 텐데 왜 이렇게 다를까요? 그런데 잘 보면 그렇지만은 않아요. 그림의 1번처럼 공통 조상의 DNA, 즉 동일한 DNA를 가지고 있었겠죠. 그러다 2번처럼 위쪽 생물의 DNA에서 염기 하나가 없어지고 아래 생물의 DNA에서 새로운 염기가 삽입되는 과정이 있었을 거예요. 3번을 보면 상당히 달라졌죠? 그런데 컴퓨터 프로그램으로 DNA 염기 서열을 비교하면 4번처럼 빠지거나 삽입된 자리를 추론할 수 있어요. 이런 기술이 발달함으로써 두 생물의 친연 관계 여부를 판별할 수 있는 근거가 상당히 많이 생겼어요.

이런 것들을 연구하는 분야를 분자계통분류학(molecular systematics)이라고 합니다. 외견상 서로 달라 보이지만 컴퓨터 프로그램을 이용해서 비교 분석해 어떤 변화가 일어났는지, 그 결과 얼마나 가까운지, 분자 차원의 공통점이 무엇인지 알 수 있어요.

분자계통분류학으로 오스트레일리아에 사는 두더지와 북아메리카에 서식하는 두더지는 상사(analogy) 관계, 박쥐의 날개와 고양이의 앞다리는 상동(homology) 관계라는 게 다시 확인됐어요. 잘 알다시피 상사는 기원이 다른데도 비슷해 보이는 형질이고, 상동은 현저하게 달라 보여도 공통 조상에서 유래한 기원이 같은 형질을 말하죠.

상동과 관련해서 더 깊게 살펴볼 것이 있어요. 조상과 그 자손이 공통으로 가지고 있는 것을 공유 조상 형질(shared ancestral character)이라고 합니다. 그런데 조상이 가지고 있던 것이 특정 자손들에게서만 나타나는 경우도 있어요. 예를 들어, 새는 깃털이 있지만 포유류는 털이 있죠. 깃털과 털은 구조의 복잡한 정도, 기능 등이 완전히 다른 거예요. 조류와 포유류는 둘 다 공통 조상으로부터 유래했는데, 그 공통 조상이 가지고 있었던 게 양막(amnion)이에요.

이재성 양막이요?

장수철 태아를 둘러싼 막이에요. 그 안에 양수가 차 있어 태아를 보호해 주죠. 이 양막은 조류와 포유류에 다 있어요. 그러니까 공유 조상 형질이라 할 수 있죠. 그런데 깃털과 털은 각각 조류와 포유류에서만 볼 수 있고 조상에게는 없는 것들이잖아요. 이걸 공유 파생 형질(shared derived character)이라고 해요. 조상과 다른 특징이 생겨난 거죠.

이재성 그럼 조류는 깃털 플러스 양막, 포유류는 털 플러스 양막. 양쪽의 교집합인 양막이 공유 조상 형질이네요. 깃털은 조류의 공유 파생 형질, 털은 포유류의 공유 파생 형질이고.

장수철 쉽지 않은데. 역시! 맞아요. 양막은 조류, 포유류뿐 아니라 파충류에도 있어요. 이런 식으로 새끼를 만드는 것들을 양막류라고 부르기도 해요. 이렇게 조상에는 없지만 자손한테 생겨난 공유 파생 형질을 가지고 우리는 생물의 역사를 재구성할 수 있습니다.

그림 9-6의 동물은 모두 척삭동물이에요. 맨 위에 있는 게 창고기예요. 밑의 다른 동물들과 비교해 보면 거의 공통점이 없는 놈이에요. 그런데 어쨌든 이놈도 척삭(脊索, chorda dorsalis)을 가지고 있어요. 이것들이 동물 종에 따라 발생 과정에서 뼈로 바뀌면서 척추가 생기는데, 이런 발생 과정을 겪으면 척삭동물이라고 합니다. 이 그림에서 창고기가 가장 먼저 갈라졌으니 기저 분류군이라고 할 수 있어요. 척삭을 가지고 있다는 게 다 공통점이죠. 척삭이 공유 조상 형질입니다.

그런데 창고기를 제외한 나머지 동물에는 척주(脊柱, vertebral column)가 있어요. 척주는 척추의 기둥을 말해요. 그럼 나머지 다섯 동물은 척주가 공유 조상 형질이죠. 그림에서 두 번째는 칠성장어 종류예요. 지난 수업에서 말한 것 같은데, 얘네들은 턱이 없어요. 조기, 갈치, 고등어 같은 물

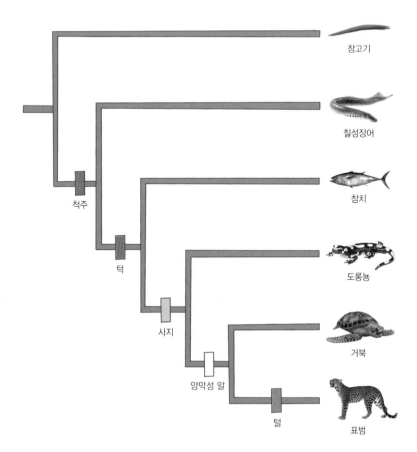

그림 9-6 척삭동물의 계통수

고기를 생각해 봐요. 다 턱이 있잖아요. 자, 그럼 이렇게 정리가 되겠죠. 창고기와 칠성장어를 제외하고 나머지 네 종류에는 턱이 공유 조상 형질이다. 턱을 가진 놈들 중에서 물고기를 제외하면 나머지는 뭐가 있을까요? 전부 다 사지가 있어요. 사지는 양서류, 파충류, 포유류 전체의 공유 조상 형질이에요. 각각을 따로 놓고 보면 저마다 독특한 특징이 있는데,

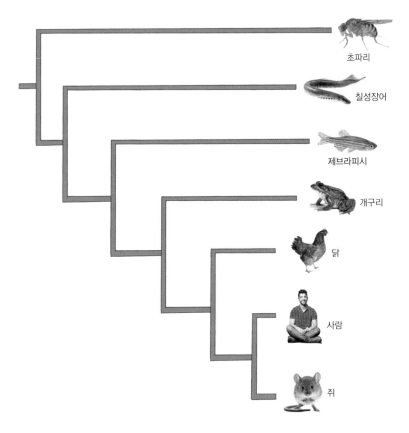

초파리

칠성장어

제브라피시

개구리

닭

사람

쥐

그림 9-7 계통수에서 각 선의 길이를 분기된 시점이나 유전자 변화 속도에 비례하게 그려 선후 관계를 나타내는 것이 가능하다.

가령 포유류의 털은 포유류에게만 있는 공유 파생 형질이에요.

이런 식으로 비교 대상인 생물들 간에 공통으로 가지고 있는 게 뭐냐? 한쪽에만 있는 건 뭐냐? 이런 것으로 생물의 역사를 재구성하는 게 계통분류학이에요. 이런 관계를 표현한 그림을 나무 수(樹) 자를 써서 계통수(phylogenetic tree)라고 불러요.

그림 9-7의 계통수는 좀 전의 계통수와 계통을 나타내는 선의 끝이 다르죠? 아까는 다 똑같았어요. 끝이 다 똑같으면 그냥 어떤 순서로 갈라졌는지만 알 수 있어요. 지금 보듯이 선의 길이가 다르다는 것은 서로 얼마나 다른지 그 정도를 나타내는 거예요. 계통수에 유전적, 형태적, 생화학적 차이를 표현하고 싶다면 선의 길이를 달리해서 그리면 돼요. 여기에 시간의 흐름에 따른 변화 양상을 표시하고 싶으면 시간 축을 넣어 주면 되겠죠.

가장 단순하거나 그럴듯한 기준

이재성 계통수에서 새로운 생물의 출현을 가지가 갈라지는 것으로 나타냈잖아요. 분기점의 기준을 어떻게 잡느냐에 따라 달라지기도 할 것 같은데, 계통수에 나오는 생물은 해당 분류군의 대표적인 녀석들이라고 봐도 되겠죠?

장수철 꼭 대표 선수라 해야 하나? 후보 선수는 아닌 것 같아요. 자, 요 시점에서 문제 하나 낼게요. 지금 사람, 버섯, 꽃 세 종류가 있다고 해 봐요. 어떻게 분류하는 게 좋겠어요? 공통 조상으로부터 분화돼서 이 세 종류가 생겨났는데, 이때는 사람과 버섯의 공통 조상이 먼저 있었느냐, 아니면 사람과 꽃의 공통 조상이 먼저 있었느냐, 꽃과 버섯의 공통 조상이 먼저 있었느냐? 이렇게 경우의 수가 세 가지예요. 다른 경우의 수는 없어요. 그럼 여기에 물고기가 하나 더 추가됐다고 해 봅시다. 네 종류를 가지고 몇 가지 방식으로 분류할 수 있을까요?

이재성 쉽게 말해, 네 종류를 가지고 두 개씩 짝짓는 경우의 수 문제네요. 3×2×1은 여섯 가지.

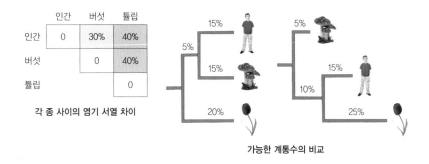

각 종 사이의 염기 서열 차이

가능한 계통수의 비교

그림 9-8 최대 개연성의 예시

장수철 네. 여섯 가지. 하지만 세 종류가 하나의 공통 조상으로 묶일 수도 있잖아요? 그렇게 세 종류씩 묶은 것 중에서 또 두 개씩 묶을 수도 있고……. 네 종류만 해도 벌써 계통수의 가짓수는 몇십 가지로 확 늘어나요. 슬슬 머리가 아파 오죠? 이게 50종까지 가게 되면 3 곱하기 10의 76제곱. 이건 천문학에서나 다룰 만한 숫자예요. 현재 학명이 부여된 생물만 180만 종입니다. 이 180만 종의 생물이 어떤 경로를 거쳐서 현재에 이르렀는지 재구성하려면 검토해야 할 시나리오가 무지막지하단 말이에요. 그래서 계통분류학자들은 최대 개연성(maximum likelihood)과 최대 단순성(maximum parsimony) 개념을 끌어 옵니다. 통계학 같은 사회과학에서 사용하던 것을 차용한 것이죠.

최대 개연성은 이런 거예요. 그림 9-8의 표를 보면, 인간과 버섯 사이의 유전자 차이는 30퍼센트고, 버섯과 튤립은 40퍼센트 차이가 나요. 인간과 튤립의 차이는 40퍼센트죠. 이때 계통수를 어떻게 그리는 게 더 그럴듯할까요? 'likelyhood'라는 게 얼마나 그럴듯하냐, 개연성이 있느냐 그런 뜻이거든요. 왼쪽 계통수처럼 서로 변화가 비슷하다고 설명한 것이 더 그럴듯하냐? 아니면 오른쪽처럼 튤립만 집중적으로 변화가 일어나고 버섯은 별 변화가 없는 계통수가 더 말이 되느냐? 최대 개연성의 관점으로 볼 때는 왼쪽이 훨씬 더 그럴듯하다는 거죠.

이재성 그게 왜 그럴듯해요?

장수철 어째서 튤립만 이렇게 많은 변화가 있어야 하죠? 현재까지 생존해 있는 생물이라면 세월이 무수히 흐르면서 DNA가 어느 정도 변해 왔을 거 아니에요? 그 변화 정도는 크게 다르지 않다고 가정하는 게 훨씬 더 말이 되죠.

이재성 글쎄요……. 납득하기 힘든데.

장수철 하나의 공통 조상, 예컨대 세균 같은 생명체로부터 인간, 버섯, 튤립이 생겨나 현재까지 이르렀어요. 그 중간중간에 공통 조상이 생기고 또 분화되면서 계속 DNA를 복제해 후대에 전달되는 과정이 거듭돼 왔겠죠. 그 과정에서 실수가 일어나 DNA가 바뀔 수도 있고……. 이런 과정이 38억 년 정도 걸려 지금까지 변화해 왔다면, 대체로 비슷비슷하게 변화해 왔다고 보는 게 합당한 결론이에요. 일정한 경향성대로 진행될 거라는 추론이 가능합니다. 굳이 튤립만 더 많은 변화가 생겼다고 주장하려면 논리적으로 설명이 더 추가돼야 하죠. 부수적인 다른 설명이 뒤따라야 할 거 아니에요? 그렇게 본다면 왼쪽 계통수가 개연성이 더 크다고 판단하는 거죠. 이렇게 여러 가지 중에서 개연성이 가장 큰 것을 채택하는 것이 최대 개연성의 원리예요.

최대 단순성도 비슷해요. 어떤 것을 설명하는 데 군더더기가 별로 없는 게 가장 그럴듯하다는 거예요. 오컴의 면도날(Ockham's razor)도 같은 논리잖아요.

이재성 오컴의 면도날이 뭐예요?

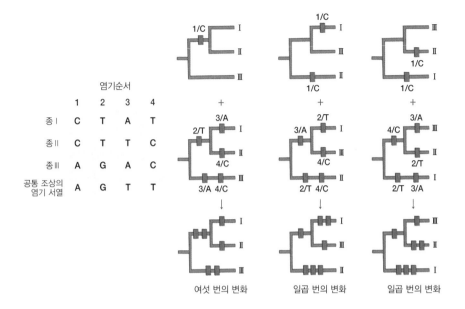

	염기순서			
	1	2	3	4
종 I	C	T	A	T
종 II	C	T	T	C
종 III	A	G	A	C
공통 조상의 염기 서열	A	G	T	T

여섯 번의 변화   일곱 번의 변화   일곱 번의 변화

그림 9-9 DNA로 설명하는 최대 단순성의 예시 계통수 위에 표시된 막대기가 염기의 변화 시점을 표시한다. 공통 조상이 종 I, 종 II, 종 III으로 분화했다고 가정할 때, 왼쪽처럼 종 III이 먼저 분화하고 종 I과 종 II가 분화한 경우, 가운데처럼 종 II가 먼저 분화하고 종 I과 종 III이 분화한 경우, 오른쪽처럼 종 I이 먼저 분화하고 종 II와 종 III이 분화한 경우, 이렇게 세 가지 경우를 생각해 볼 수 있다. 최대 단순성 이론은 공통 조상으로부터 분화 과정을 설명하는 다양한 모델 중, 가장 적은 변화가 일어난 것이 가장 설득력 있다는 이론이다.

장수철 어떤 현상을 설명할 때 논리적으로 가장 단순한 설명이 진실일 가능성이 크다는 이야기예요. 영국의 수도사이자 철학자 오컴(William of Ockham)은 동일한 현상을 설명하는 여러 주장 가운데 가정과 전제 조건이 많은 주장을 피하라고 했어요. 그런 게 많을수록 논리가 군색하기 때문이라는 거죠. 따라서 군더더기를 칼로 자르듯이 떼어 놓고 단순하게 설명할 수 있으면 그게 제대로 된 설명이라고 주장했대요.

예컨대 포유류인 박쥐에 날개가 생기게 된 과정을 살펴보면, 결국 앞발의 발가락뼈가 쭉쭉 늘어나고 그 사이사이에 있던 피부가 고무막처럼 얇은 비막(飛膜)으로 변했기 때문이에요. 이렇게 단순하게 설명하는 것이 그럴듯하지, 새처럼 앞다리가 날개가 된 다음 다시 발가락뼈가 날개로 되었다든지, 곤충처럼 날개가 생겼다가 없어졌다든지 등 중간 단계에 구차한 설명을 첨부하면 오히려 진실에서 멀어질 개연성이 더 크다는 것이죠.

　DNA로 설명할 때는 이렇게 해요. 염기 서열이 AGTT인 조상 종이 세 가지 종으로 분화됐다고 해 보죠. 조상 종의 A는 종Ⅲ에는 변화가 없고, 종Ⅰ과 종Ⅱ는 C로 바뀌었어요. 왼쪽 계통수는 이 두 개가 갈라지기 전에 공통 조상이 있었다가 한 번의 변화가 있었던 거예요. 가운데 계통수를 보면 종Ⅱ가 갈라져 나가고 종Ⅰ과 종Ⅲ의 공통 조상이 생긴 다음에 갈라집니다. 이 경우에는 두 번의 변화를 설명해야겠죠. 오른쪽 계통수도 마찬가지. 자, 이렇게 경우의 수를 분석하다 보면 여섯 번의 변화가 생기는 계통수와 일곱 번의 변화가 생기는 계통수로 나뉘어요. 그랬을 때 과학자들은 대개 변화가 적게 일어나는 쪽을 신빙성이 더 높다고 보는 거예요.

이재성 그냥 가설일 뿐이잖아요. 버섯과 튤립 중에 실제로 튤립이 많이 변했을 수도 있는 거 아니에요?

장수철 네. 가설 맞아요. 하지만 계통수를 막연한 추정만으로 그리지는 않아요. 화석 기록이나 지질학 데이터 같은 다른 증거들하고 맞춰 보고, 보정한 결과를 반영하죠. 이게 오류일 가능성이 전혀 없다고 하지는 못하겠지만, 현재의 과학적 분석틀로는 가장 그럴듯한 설명입니다.

이재성 자꾸 부연 설명을 덧붙이는 걸 보니, 선생님 말도 최대 단순성의 원리에서 벗어나는 것처럼 들려요.

장수철 하하. 내 이해가 부족했나? 그런데 진화의 계통을 분류하는 데 가짓수가 어마무시하게 많아 봐요. 개연성과 단순성으로 추론하지 않을 도리가 있나!

상동 유전자

장수철 공룡 대멸종이 언제라고 그랬죠?

이재성 백악기

장수철 그래요. 정확히는 백악기 말. 백악기 이전에 쥐라기, 그 이전에 트라이아스기라고 있는데, 5대 대멸종 시기 가운데 하나죠. 이때의 대멸종 이유는 산소 부족 때문이었어요. 이 멸종 이후에 등장해서 진화한 공룡들은 주로 낮은 농도의 산소를 이용하는 능력이 있는 놈들이었어요. 바로 엉덩이뼈가 도마뱀을 닮은 용반류 공룡(saurischian dinosaur)과 새의 공통 조상이에요. 원래 새는 기낭 구조가 잘 발달되어서 숨을 쉴 때 공기가 들어가는 경로와 나가는 경로가 달라요. 공기 속의 산소를 흡수하는 데 효과적인 구조예요. 그래서 새들은 아주 높은 곳을 날아가더라도 호흡에 지장이 없어요. 새는 용반류 공룡과 아주 가까워요. 공통 조상에서 하나는 용반류 공룡으로, 하나는 새가 된 거예요. 그래서 생물학 분야에서는 조류를 범파충류의 하나로 간주하고 있어요. 굉장히 많은 요소들이 파충류, 특히 공룡과 비슷하거든요. 한편, 용반류가 득세할 때 새로운 공룡이 출현해 진화해 가다가 파생해서 나타난 게 엉덩이뼈가 새를 닮은 조반류 공룡(ornithischian dinosaur)이에요. 쥐라기, 백악기를 거치면서 이놈들이 많이 늘어나죠.

이재성 그런데 익룡이 새의 조상 아니에요?

장수철 아니래요. 익룡은 공룡이 진화하기 전부터 갈라져 나온 비행하는 파충류예요. 근본, 즉 혈통이 완전히 다르죠. 물론 공룡의 진화는 주로 화석을 통해 알게 되었지만 이런 사실도 다 계통분류학, 특히 분자계통 분류학의 발달로 확실하게 알게 된 거예요. DNA 구조를 밝혀내 염기 서열을 가지고 종과 종의 비교가 많이 이루어지는데, 어떤 DNA를 가지고 비교를 할 거냐, 이게 과학자들 사이의 쟁점이에요. 크게 두 가지를 비교해 보죠.

첫째, 모든 생물은 DNA가 있으며, DNA로부터 RNA를 만들고, 그 RNA로부터 단백질을 만듭니다. 그런데 단백질을 합성할 때 필요한 게 리보솜이에요. 리보솜을 분해해 보면, 그 안에 리보솜을 구성하는 RNA, 즉 rRNA가 60퍼센트를 차지해요. 따라서 어떤 생물이든 다 rRNA를 만들어 내는 유전자가 있으니 이걸 기준으로 해서 모든 생물을 분류하는 큰 그림이 가능하죠. 즉, rRNA는 장구한 세월에 걸쳐 일어나는 변화 과정을 추적할 때 더 요긴하게 쓰일 수 있어요.

둘째, 염기 서열의 변화는 무척 빨리 일어나기 때문에 최근에 있었던 변화를 추적하고 싶으면 미토콘드리아 유전자, 즉 mtDNA를 추적할 수 있어요. 예를 들어, 아메리카 대륙 여기저기 흩어져 있는 피마족, 마야족, 야노마미족 같은 부족의 이동 경로를 추적하거나, 호모 사피엔스의 이동 양상을 추적하는 데 mtDNA 분석이 유용해요.

이렇게 종류별로 DNA를 활용해서 생물의 역사를 재구성합니다. 여기서 질문 하나 할게요. 세균은 염색체가 몇 개일까요?

이재성 한 개.

장수철 가끔 두 개도 있어요. 사람은?

이재성 …….

장수철 23쌍이에요. 고릴라하고 침팬지는 24쌍. 개는 39쌍…….

이재성 염색체가 많다고 고등 생물은 아니네요?

장수철 맞아요. 복잡하게 진화된 정도, DNA 크기, 염색체의 개수는 전혀 상관이 없어요. 그런데 염색체 개수의 차이는 왜 발생하는 걸까요? 우리 조상 세포도 세균처럼 원 모양으로 생긴 염색체가 하나 있었을 거예요. 매우 긴 시간 동안 일부 세포에서는 이게 어느 순간 끊어지기도 했을 겁니다. 복제되는 과정에서 실수가 일어나 끊어지면서 두 개로 분리되는 거예요. 이 상태에서 다시 복제가 일어나면 두 개가 네 개가 되고, 네 개가 여덟 개가 될 수도 있어요. 이런 복제 과정을 통해 유전자 중복(gene duplication)이 일어났습니다. 중복된 유전자는 시간이 지나면서 '변이'가 되고 이 변이 중에 유용한 것들 위주로 남습니다. 그렇게 되면 복제된 염색체의 유전자 구성이 달라집니다. 새 염색체가 생기는 거죠.

공통 조상에서 갈라져 나온 두 종이 있다고 해 봐요. 다소 달라지기는 했으나 전반적으로 비슷한 유전자를 상동 유전자라고 합니다. 상동 유전자는 두 가지가 있어요. 하나는 병렬 상동 유전자(orthologous genes). 공통 조상이 가지고 있는 유전자가 자손에 전달되면서 두 자손이 조금씩 달라지는 유전자 두 개를 가지고 있을 때예요. 이것들을 비교해 보면 멀고 가까운 정도를 파악할 수 있어요.

다른 하나는 같은 종 내에서 유전자 중복이 일어난 결과 생기는 직렬 상동 유전자(paralogous genes)예요. 가령, 인간도 쥐처럼 후각 수용체 유전자가 1,000개 이상이에요. 그럼 냄새를 굉장히 잘 맡아야 하죠. 그런데 사람은 이 중에서 600~700개는 못 써요. 쥐는 거의 다 쓰죠. 인간은 후각에 둔감해진 거예요. 시각이 발달하면서 반대급부로 후각 능력이 떨어졌을 겁니다. 그렇다면 인간은 후각 수용체 유전자가 한두 개만 있어도 될 거 같은데, 이렇게 늘어난 이유는 진화하는 과정에서 유전자 복제가 일어났기 때문이죠. 이런 상동 유전자를 추적해 보면 어떤 식으로 유전자가 변화해 왔고, 또 종과 종 사이의 관계를 파악하는 데 도움이 됩니다. 예를 들어, 사람과 쥐의 유전자 종류를 쭉 비교해 보면 서로 상응할 수 있는 게 99퍼센트나 돼요. 아까 이야기한 병렬 상동 유전자가 99퍼센트. 이건 사람과 쥐가 공통 조상을 가지고 있었다는 흔적이에요.

이재성 상응한다는 게 똑같다는 뜻이 아닌 것 같은 느낌이...?

장수철 오, 역시! 그렇습니다.

그럼 도대체 언제까지 공통 조상이었고, 언제부터 갈라졌는지 궁금하지 않나요? 이때 분자시계(molecular clock) 개념을 이용합니다. 생물들의 DNA를 추출해 염기 서열을 비교하고, 기존에 알려진 생물들의 분화 과정을 참고해서 DNA가 이렇게 바뀌었으면 시간이 얼마만큼 흐른 것이라는 데이터들을 확보해요. 여러 유전자를 가지고 데이터를 수집하면 분기된 시간에 따라서 DNA의 변이가 얼마나 일어났는지 일정한 경향을 알 수가 있어요. 그럼 알려고 하는 두 생물종의 DNA를 추출해 얼마나 염기 서열의 차이가 나는지 알아내고는 그 차이 값을 대입하면 공통 조상에서 갈라진 시기를 역추적할 수가 있어요. 예를 들어, 두 생물의 유전자를 비교했더니 약 30퍼센트가 다르다면 두 생물은 5000만 년 전에 갈라졌구나. 이런 식으로 추정하는 거죠. 물론 이 분자시계 개념은 DNA 복제가 일어나는 과정에서 실수가 계속 일어나고, 그 비율이 일정할 것이라는 점을 전제로 한 거예요. 그리고 화석 기록이나 다른 생물들의 특징들을 계속 비교해 가면서 보정 작업을 합니다. 왜냐하면 시간의 흐름과 DNA의 변화 정도가 정확하게 맞아떨어지는 건 아니거든요. 예컨대, 생물이 목숨을 유지하는 데 꼭 필요한 유전자들이 있을 거 아니에요. 그

건 쉽게 변하면 안 되잖아요. 그런데 그런 필수 유전자가 변한다는 건 대부분 도태되기 때문인데, 그런 놈들은 사라져 버려요. 또는 기능이 유지되는 한도 내에서 변이가 허용되기도 하죠. 그런데 허용되는 변이는 대개 흔치 않습니다. 그리고 대체로 목숨을 유지하는 데 꼭 필요한 유전자들은 주로 선택이 되지 변화가 쉽게 축적되는 게 아니에요. 그래서 그런 것들은 다시 보정 작업을 해 줘야 합니다.

이재성 그럼 분자시계 같은 진화생물학의 연구 성과와 보정 작업에 동원되는 화석 기록, 지질학 등의 연구 결과가 미스매칭되는, 즉 영 딴판으로 나오는 경우는 없어요? 많을 거 같은데…… 예를 들어, 최근에 발견된 화석을 보니까 기존의 계통수는 완전히 잘못 그린 거였다든지…….

장수철 많았을 거예요. 보정 작업에는 화석 기록 외에도 해부학, 생화학, 생리학 근거도 많이 동원되죠. 예를 들어, 최대 개연성과 최대 단순성을 적용해 가설을 세웠는데, 최신 화석을 발견해서 보니까 그게 아니다 싶어 그 가설을 폐기할 수도 있는 거예요. 또 생물들 간의 생리적인 차이를 따져 보니 설명이 안 되는 거 같아서 버리고, 해부학 기준을 들이댔는데 안 맞으면 날려 버리고…… 그렇게 개연성의 범위를 줄여 나가는 거죠. 다른 학문도 마찬가지겠지만 진화론 역시 기존의 과학적 성과와 연관 지어서 진행할 수밖에 없어요.

수업이 끝난 뒤

장수철 최근에 새로운 사실이 하나 발견됐어요. 어느 도마뱀붙이의 유전자를 조사했더니 이상한 유전자가 보이는 거예요. 유전자를 추적해 보니

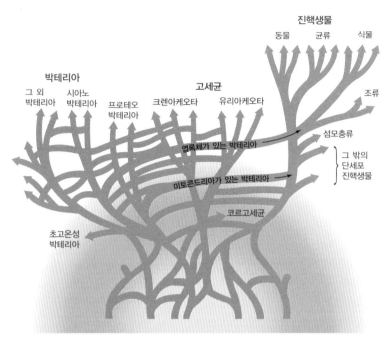

그림 9-10 수평적 유전자 전이 수평적 유전자 전이는 원핵생물과 진핵생물의 진화에서 핵심 역할을 했을 것이라고 추정한다.

모기에 물려서 다른 유전자가 들어갔다고 합니다. 그러니까 모기가 다른 생물의 피를 빨고, 도마뱀붙이의 피를 빨다가 유전자를 옮겨 놓은 거예요. 이를테면, 조금 다르긴 하지만 내 피를 빤 모기가 선생님 피를 빨다가 내 유전자가 선생님 몸 안에 들어간 거죠.

이재성 어제의 내가 아니겠구먼. 그런데 그게 왜 새로운 사실이에요?

장수철 왜냐하면 세균끼리는 서로 유전자를 교환해요. 항생제 내성이 생긴다고 그러잖아요. 그게 세균끼리 서로 유전자를 교환해서 그런 거예요. 그런데 세균이 아닌 다른 생물들이 이렇게 유전자를 교환할 거라고

아주 명쾌한 진화론 수업

는 사람들이 꿈에도 생각을 안 했어요.

이재성 교환이 가능해요?

장수철 증거가 나왔잖아요.

이재성 그럼 여태껏 그런 계통수가 틀릴 수 있다는 이야기네요?

장수철 그렇죠. 그래서 수평적 유전자 전이(horizontal gene transfer)가 거론되기 시작합니다. 살아 있는 놈들끼리 유전자를 주고받을 수 있다는 것이죠. 우리는 지금까지 계문강목과속종의 '계' 이전을 세 영역으로 나누었잖아요. 세균(박테리아) 영역, 고세균 영역, 진핵생물 영역. 이 세 영역은 결과적으로 그렇게 된 것이고 그 이전에는 그림 9-10처럼 이랬을 겁니다.

이재성 뒤죽박죽이다?

장수철 뒤죽박죽이에요. 공통 조상이야 당연히 있었겠지만 지금 나와 있는 놈들을 가지고 유전자를 비교해서 수렴되는 걸 찾으려고 하면 안 될 거라는 이야기죠.

이재성 딱 깔끔하게 계통수가 안 만들어진다는 거죠?

장수철 네. 미토콘드리아, 엽록체 등의 공통 조상이 마구 뒤엉켜 있으니까요.

이재성 정말 난잡하군.

장수철 이 난잡한 유전자 교환은 과거에 일어났던 일이고, 그게 현재로서는 크게 세 영역으로 나눠진다고 보고 있어요. 그리고 난잡하지만 제대로 역사를 반영한 계통수 같아요. 시간이 지나면 또 변하겠지만.

우리 입안에는 200여 종에 가까운 세균과 고세균이 있다고 합니다. 이 중 정체를 정확히 알아서 인공 배지에 키울 수 있는 종류는 극히 일부입니다. 그런데 어떻게 200여 종이 있다는 것을 알게 되었을까요? 더 나아가 계통수를 만든다면 어떻게 해야 할까요? 메타 유전체학이라는 새로운 방법을 사용하면 됩니다. 입안의 모든 세균이 가진 DNA 염기를 모아서 한꺼번에 분석하는 방법이죠. 암, 성인병 또는 유전병과 같은 질병에 걸린 사람들의 유전적 변이는 어떻게 찾을 수 있을까요? 질병 보유자의 수를 최대한 확보해서 그 사람들의 유전체를 분석한 후 정상인들과 비교하는 실험을 하는 겁니다. 이 두 가지의 사례 말고도 생물학이 직면한 문제를 풀기 위해서 과학자들은 온갖 지혜를 짜냅니다. 그리고 힘을 들인 노력은 꼭 성과를 얻기 마련이죠. 문제를 풀게 되는 방법을 알 때까지 끈기 있게 온갖 새로운 시도를 하기 때문입니다.

생물이 진화해 온 과정을 어떻게 알게 되었을까요? 화석과 같은 직접적인 증거가 있지만 너무 부족하고, 일부 생물을 대상으로 실험을 할 수도 있지만 매우 제한적이고 불리한 상황들까지 감안해야 하는 현실도 있고요. 그러니까 최초의 생물이 출현하고 이후 수십억 년이라는 엄청나게 긴 세월 동안 변화해 온 생물의 궤적을 찾기 위해서 온갖 종류의 방법을 동원해야 합니다. 과학자들은 진화를 연구하는 데에 물리, 화학, 생물, 지질, 컴퓨터 과학, 수학 등 여러 분야의 지식과 함께 다양하고 창조적인 접근법을 동원해 왔습니다.

진화생물학은 이러한 노력의 결과 성립된 것입니다. 즉, 이 학문은 그야말로 인간이 자신의 역사를 알기 위한 지적 노력의 산물이라 할 수 있습니다. 이 책은 이런 노력의 산물을 일부라도 전하려고 애썼습니다. 어려운 구석이 있는 책일지도 모르지만 이 책의 목표는 소박합니다. 독자 여러분이 진화를 과학의 하나로 바라볼 수 있다면 그뿐입니다.

수업을 마치며

제 인생에서 《아주 특별한 생물학 수업》이 생물 수업의 끝인 줄 알았습니다. 이제 와서 솔직한 심정을 이야기하면, 《아주 특별한 생물학 수업》을 하는 동안 즐겁고 유쾌했지만 또 한편으로는 부담스러웠습니다. 이과 출신이라고는 하지만 생물 공부를 안 한 지 25년은 족히 지난지라 기억나는 것이 별로 없었거든요. 제가 좋아하는 선배인 장수철 선생님을 돕고 싶다는 마음과 아는 척 반, 호기심 반으로 시작했는데 할수록 어려웠습니다. 그래서 다시는 이런 일 하지 말아야겠다고 다짐했습니다.

그런데……

어느 날 장수철 선생님이 점심에 만나자고 하더니 햄버거를 사줬습니다. 잘 먹고 기분 좋게 있는데, 갑자기 진화론 책을 같이 쓰자는 거예요. 그래서 좋다고 했어요. 제 약점 중에 하나인데, 누가 간식거리 잘 챙겨주면서 부탁하면 거절을 못하거든요. 장수철 선생님이랑 너무 오래 같이 있었던 것 같습니다. 저에 대해서 너무 잘 알고 있거든요.

사실 다시는 생물에 관한 책을 쓰지 않겠다고 다짐했는데도 냉큼 진화론 책을 쓰자는 제안을 받아들인 데에는 두 가지 이유가 있습니다. 하나는 장수철 선생님이 진화론에 대한 애정이 남다르다는 걸 알고 있었기 때문입니다. 일상적인 대화에서도 장수철 선생님은 늘 '진화'와 연결해서 이야기했고,《아주 특별한 생물학 수업》을 하기 전부터 진화론에 대한 책을 쓰고 싶어 했습니다. 그걸 지겹도록 겪었고, 또 잘 알고 있는 제가 거절할 수는 없었습니다. 그리고 또 하나는 저도 '진화'에 대해 제대로 알고 싶었습니다. 사회과학은 물론이고 인문학을 하면서도 진화를 알지 못하면 인문 현상을 이해하기 어려운 부분이 많습니다. 인문 사회 현상을 설명하는 이론 중에는 진화를 기반으로 한 것이 많거든요. 그런데 지금 제가 상식적으로 알고 있는 진화에 대한 지식으로는 이해가 안 되는 부분이 많아서 답답해 하고 있었습니다. 그래서 자연과학의 진화에 대해 정확히 알고, 나름대로 진화에 대해 정리하고 싶은 욕심이 있었습니다. 이렇게 표면적으로는 햄버거 때문에, 내면적으로는 장수철 선생님에 대한 존경과 저의 지식에 대한 욕구 때문에 부담스러운 작업이지만 진화론 수업에 참여하게 되었습니다.

진화라는 것이 꼭 긍정적인 방향으로만 진행하지 않는다는 것은 이미 알고 있었고, 늘 목적론적 관점의 위험성을 경계하고 있었습니다. 그런데 진화론 수업에 참여하면서 실제로는 그렇지 못했습니다. 장수철 선생님하고는 연세대학교 학부대학에서 동료교수로 지내면서 선후배 관계를 맺었습니다. 보통은 대학 때까지 맺은 선후배 관계 정도만 서로 간에 막역해지는데, 저와 장수철 선생님은 40줄에 맺은 선후배 관계인데도 막역해서 서로 못하는 말이 없을 정도입니다. 장수철 선생님과 진화론 수업을 같이 하면서 저는 저의 무지를 마구 드러냈습니다. 그랬더니 정말 제가 무엇을 잘못 알고 있고, 무엇을 모르고 있는지를 알게 되더라고요. 이 수업에 참여하면서 얻은 가장 큰 소득은 소크라테스가 말한 대로 '너 자신을 알'게 되었다는 겁니다.

　지금까지 제가 이해하고 있던 '진화론'은 '믿는' 것이었습니다. 진화론 수업을 통해 제가 알고 있던 진화론에 대한 개념은 오해였고, 진화론과 창조론은 서로 대립되는 개념이 아니라는 것을 인지했습니다. '진화론'이 과학이라는 것을 확실히 이해하게 된 거죠. 진화론이 과학이라는 것을 인지하면서 인간을 포함해 지구상의 모든 생물을 동등하게 이해할 수 있게 되었습니다. 편견 없이 객관적으로 인간의 사회현상이나 생물의 삶을 바라볼 수 있게 되었습니다.

　이 책에서 제 역할은 앞으로 이 책을 읽을 평균적인 독자의 역할이었을 거라고 생각합니다. 어디서 진화론에 대한 이야기가 나오면 한마디 거들 수 있는 정도는 되지만 구체적으로 이야기가 진행되면 화제를 돌리는 정도의 지식을 가지고 있던 제가 이 수업을 들으면서 진화론에 대한 얕은 지식을 부끄러움 없이 드러내고 창피함을 피하지 않고 진화론 속으로 들어갔습니다. 여러분도 그렇게 했으면 합니다. 제가 이 수업을 통해 머리로만 알던 진화론을 몸으로 알게 된 것처럼, 자신이 알고 있는 진화론에 대한 지식을 드러내는 만큼 진화론에 대해 자신만의 의미를 찾게 될 것입니다.

이재성

이 책에 등장한 학자들

12쪽 찰스 다윈 (Charles R. Darwin, 1809년~1882년)

영국의 생물학자, 진화론자.《종의 기원》에서 생물이 따로따로 창조된 것이 아니라, 자연선택에 따라 진화한다고 주장했다.

12쪽 플라톤 (Platon, BC 427년~BC 347년)

그리스의 사상가, 철학가. 플라톤의 자연관은 목적론적 경향을 가지고 있다. 플라톤에 따르면 이 땅의 생물들은 창조주의 지적인 설계에 따라 계획적으로 만들어졌다.

13쪽 칼 폰 린네 (Carl von Linné, 1707년~1778년)

스웨덴의 생물학자. 생물의 형태를 비교하여 분류하고, 종 사이의 관계를 정립하는 데 큰 기여를 했다. 속명과 종소명을 붙여서 학명을 만드는 이명법의 기초를 세웠다.

14쪽 제임스 허턴 (James Hutton, 1726년~1797년)

영국 스코틀랜드의 지질학자. 지구의 현재 형태는 반복적인 지진과 화산 활동과 같은 동일한 과정들의 작용으로 형성된다는 동일과정설을 주장했다.

14쪽 찰스 라이엘 (Charles Lyell, 1797년~1875년)

영국의 지질학자. 근대 지질학의 체계를 세웠다. 화석과 지질 연대 연구를 바탕으로 한 《지질학 원리》를 저술했다. 허턴의 동일과정설을 발전시켰고 퀴비에의 천변지이설을 반박했다.

15쪽 조르주 퀴비에 (Georges Cuvier, 1769년~1832년)

프랑스의 동물학자. 화석을 통해 생물의 형태 변화를 연구했다. 지구의 급격한 변화마다 대부분의 생물이 죽고, 살아남은 생물이 번식하여 널리 퍼졌다는 천변지이설을 주장했다.

16쪽 장 바티스트 라마르크 (Jean Baptiste Lamarck, 1744년~1829년)

프랑스의 박물학자, 진화론자. 생물이 사용하는 기관은 발달하고, 그렇게 획득한 형질은 유전된다는 용불용설을 주장했다.

18쪽 그레고어 멘델 (Gregor J. Mendel, 1822년~1884년)

오스트리아의 유전학자, 성직자. 완두콩 교배 실험을 통해 유전학의 기본 법칙인 멘델의 법칙을 발견했다.

18쪽 윌리엄 페일리 (William Paley, 1743년~1805년)

영국의 철학자, 성직자. 창조주가 의도적으로 생물을 설계했다는 '시계공 논증'을 제안했다.

25쪽 존 굴드 (John Gould, 1804년~1881년)

영국의 조류학자. 호주 조류 연구의 아버지라 불리며, 다윈이 핀치 새 연구를 통해 자연 선택에 의한 진화를 연구하는 데 큰 도움을 주었다.

25쪽 토머스 맬서스 (Thomas R. Malthus, 1766년~1834년)

영국의 경제학자. "인구는 기하급수적으로 증가하고, 식량은 산술급수적으로 증가한다."는 《인구론》을 저술했다.

27쪽 앨프리드 월리스 (Alfred R. Wallace 1823년~1913년)

영국의 탐험가, 생물학자. 아마존 강 유역과 말레이 제도 탐험을 통해 다윈과는 독립적으로 자연 선택을 통한 진화를 주장했다.

28쪽 리처드 도킨스 (Clinton Richard Dawkins, 1941년~)

영국의 행동생물학자, 진화생물학자. 과학의 입장에서 창조론과 지적설계론을 비판하며, 유전자 중심의 관점인 '밈(meme)'의 개념을 대중화했다.

31쪽 에른스트 마이어 (Ernst W. Mayr, 1904년~2005년)

독일 출신의 미국 진화생물학자. 종 다양성의 기원을 연구한 신다윈주의 학자이다.

42쪽 리처드 렌스키 (Richard E. Lenski, 1956년~)

미국의 생물학자. 동일한 대장균이 유전적으로 어떻게 변화하는지 장기간에 걸쳐 실험하고 있다.

132쪽 스티븐 제이 굴드 (Stephen Jay Gould, 1941년~2002년)

미국의 고생물학자, 진화생물학자. 생물이 오랜 기간 안정적인 평형 상태를 유지하다가 급격한 시기에 종 분화가 나타난다는 단속평형설을 주장했다.

135쪽 에드워드 윌슨 (Edward O. Wilson, 1929년~)

미국의 생물학자. 새와 원숭이 같은 동물의 행동을 인간 사회 활동의 관점으로 연구한 사회생물학(sociobiology)의 창시자로 알려져 있다.

145쪽 알렉산드르 오파린 (Aleksandr I. Oparin, 1894년~1980년)

러시아의 생물학자, 생화학자. 원시 지구에서 일어나는 화학 반응을 통해 무기물로부터 유기물이 합성된다고 주장했다.

145쪽 루이 파스퇴르 (Louis Pasteur, 1822년~1895년)

프랑스의 화학자. 발효와 부패에 관한 연구를 통해, 공기 중의 미생물 때문에 부패가 일어난다는 것을 확인하고 생물 속생설을 확립하였다.

아주 명쾌한 진화론 수업

146쪽 스탠리 밀러 (Stanley L. Miller, 1930년~2007년)

미국의 생화학자. 원시 지구 환경에서의 생명체 탄생 가설을 검증하기 위해 '밀러의 실험'
을 고안했다. 원시 대기 성분이 전기 방전 에너지를 통해 간단한 유기화합물로 합성된다
는 것을 확인했다.

149쪽 제임스 왓슨 (James D. Watson, 1928년~)

미국의 분자생물학자. 크릭과 함께 DNA 이중 나선 구조를 밝혔다. 이후 인간유전체프로
젝트에도 참여했다.

149쪽 프랜시스 크릭 (Francis H. C. Crick, 1916년~2004년)

영국의 분자생물학자. 엑스선을 사용해서 나선상 단백질 분자 구조를 연구하던 중
1953년 왓슨과 DNA의 이중 나선 구조를 발표하였다.

166쪽 린 마굴리스 (Lynn Margulis, 1938년~2011년)

미국의 생물학자. 미토콘드리아의 원형 모델이 원핵생물에 들어가 공생 관계를 이루어 진
핵생물이 되었다는 가설을 주장했다.

187쪽 루이스 앨버레즈 (Luis W. Alvarez, 1911년~1988년)

미국의 실험 물리학자. 그의 아들인 지질학자 월터 앨버레즈와 함께 백악기 때의 K-T 대
멸종을 발견했다.

그림 출처

그림 1-1 ⓒⓘⓞ Ghedoghedo, 그림 1-2 ⓒⓘ R. T. Pritchett, 그림 1-3 ⓒⓘⓞ Sémhu, 그림 1-4-1 ⓒShutterstock, 그림 1-4-2 ⓒⓘⓞ Arent, 그림 1-5 ⓒShutterstock, 그림 2-3-1,4,5,6 ⓒShutterstock, 그림 2-3-2 ⓒⓘ Martybugs, 그림 3-5 ⓒShutterstock, 그림 4-3 ⓒⓘ T. Michael Keesey, 그림 4-4 ⓒShutterstock, 그림 4-5 ⓒShutterstock, 그림 4-6 ⓒⓘ CNX OpenStax, 그림 5-1 ⓒShutterstock, 그림 5-4 ⓒShutterstock, 그림 5-6 ⓒShutterstock, 그림 6-1 ⓒShutterstock, 그림 6-2 ⓒⓘⓞ Yassine Mrabet, 그림 6-3 ⓒShutterstock, 그림 6-4 ⓒⓘ Matthew Staymates, Robert Fletcher, Greg Gillen, 그림 7-3 ⓒⓘ DataBase Center for Life Science (DBCLS), 그림 7-5 ⓒShutterstock, 그림 7-6-1 ⓒⓘ James St. John, 그림 7-6-2 ⓒⓘⓞ Dwergenpaartje, 그림 8-1 ⓒShutterstock, 그림 8-3 ⓒShutterstock, 그림 8-4 source ⓒPearson Education Ltd, 그림 8-5 ⓒShutterstock, 그림 8-6 source ⓒPearson Education Ltd, 그림 9-1 ⓒShutterstock, 그림 9-3 ⓒShutterstock, 그림 9-6 ⓒShutterstock, 그림 9-7 ⓒShutterstock, 그림 9-8 ⓒShutterstock

＊이 책에 사용된 그림은 저작권자의 협의 및 적법한 절차를 거쳐 사용되었습니다. 저작권 표기가 없는 그림의 저작권은 (주)휴머니스트 출판그룹에 있습니다. 출처를 알 수 없어 저작권을 확보하지 못한 일부 그림의 경우 빠른 시일 안에 저작권을 해결하도록 하겠습니다.

아주 명쾌한 진화론 수업

아주 명쾌한 진화론 수업

아주 명쾌한 진화론 수업

지은이 | 장수철, 이재성

1판 1쇄 발행일 2018년 4월 9일
1판 2쇄 발행일 2018년 11월 15일

발행인 | 김학원
편집주간 | 김민기 황서현
기획 | 문성환 박상경 임은선 김보희 최윤영 전두현 최인영 정민애 이문경 임재희 이효온
디자인 | 김태형 유주현 구현석 박인규 한예슬
마케팅 | 김창규 김한밀 윤민영 김규빈 송희진
저자·독자 서비스 | 조다영 윤경희 이현주 이령은(humanist@humanistbooks.com)
조판 | 홍영사
용지 | 화인페이퍼
인쇄 | 청아문화사
제본 | 정민문화사

발행처 | (주)휴머니스트 출판그룹
출판등록 | 제313-2007-000007호(2007년 1월 5일)
주소 | (03991) 서울시 마포구 동교로23길 76(연남동)
전화 | 02-335-4422 팩스 | 02-334-3427
홈페이지 | www.humanistbooks.com

ⓒ 장수철 이재성, 2018

ISBN 979-11-6080-129-3   03470

- 이 도서의 국립중앙도서관 출판시도서목록(CIP)은 e-CIP홈페이지(http://www.nl.go.kr/ecip)와
  국가자료공동목록시스템(http://www.nl.go.kr/kolisnet)에서 이용하실 수 있습니다. (CIP제어번호: CIP2018008966)

만든 사람들

편집주간 | 황서현
기획 | 임재희(ljh2001@humanistbooks.com) 임은선
편집 | 아침노을
디자인 | 김태형
일러스트 | 김윤미